L'ÉLECTROCHIMIE

ET

L'ÉLECTROMÉTALLURGIE

L'ÉLECTROCHIMIE

ET

L'ÉLECTROMÉTALLURGIE

PAR

ALBERT LEVASSEUR

Ingénieur Civil A. et M.

Professeur d'Électrochimie et d'Électrométallurgie à l'École d'Électricité
et de Mécanique Industrielles de Paris et à l'École Bréguet.

Professeur de Chimie du cours de Centrale à l'École Duvignau de Lanneau.

PARIS

H. DUNOD et E. PINAT, ÉDITEURS

47 et 49, QUAI DES GRANDS-AUGUSTINS

1917

PRÉFACE

Ce livre est la rédaction d'une partie du cours d'électrochimie et d'électrométallurgie, que nous professons depuis quelques années à l'École d'Electricité et de Mécanique Industrielles de Paris et à l'Ecole Bréguet.

Nous avons donné ici une place prépondérante aux théories scientifiques fondamentales et aux directives générales d'application industrielle, faisant ainsi passer au second plan l'étude spéciale des diverses fabrications. Nous estimons en effet que l'enseignement technique doit apporter autre chose qu'un amas de faits particuliers et que son rôle capital est de fournir aux étudiants des méthodes leur permettant de résoudre dans les meilleures conditions les problèmes scientifiques et pratiques qui dans l'industrie se posent couramment à l'ingénieur.

A. LEVASSEUR.

PREMIÈRE PARTIE

Rappel de quelques connaissances générales
particulièrement importantes
pour la lecture ou l'utilisation de l'Ouvrage.

CHAPITRE PREMIER

THERMODYNAMIQUE

1. PRINCIPE DE L'ÉQUIVALENCE. — Considérons un système éprouvant une variation telle que son état final soit identique à son état initial. Supposons en outre que les seuls échanges se produisant entre ce système et le milieu ambiant soient des échanges de travail et de chaleur. Désignons par τ le travail reçu ou fourni par le système pendant cette transformation et par q la chaleur échangée avec le milieu ambiant. L'expérience montre que le rapport $\dfrac{\tau}{q}$ est invariable quels que soient le système et la transformation considérés pourvu que cette transformation satisfasse aux conditions énoncées ci-dessus.

Posons :
$$\frac{\tau}{q} = \mathrm{J}$$

J est appelé *l'équivalent mécanique de la chaleur.*

D'après les déterminations les plus récentes, on a :

$$\frac{\text{Travail en joules}}{\text{Chaleur correspondante en petites calories}} = 4{,}19.$$

c'est-à-dire qu'une petite calorie équivaut à 4,19 joules.

2. DÉFINITION DE L'ÉNERGIE. — L'énergie ne peut être définie rationnellement que par sa variation.

Le principe de l'équivalence nous donnait

$$\frac{\tau}{q} = J$$

c'est-à-dire $\qquad\qquad Jq - \tau = 0$, $\qquad\qquad\qquad$ (1)

aux conditions expresses qu'il n'y ait entre le système et le milieu ambiant que des échanges de travail et de chaleur et que l'état final du système soit identique à son état initial.

Lorsque l'état final du système est différent de son état initial, l'expérience montre qu'on a en général :

$$Jq - \tau \neq 0.$$

Posons alors : $\qquad\qquad Jq - \tau = \Delta U$ $\qquad\qquad\qquad$ (2)

ΔU sera par définition la *variation de l'énergie interne* ou simplement la *variation d'énergie du système* pendant la transformation considérée.

3. PRINCIPE DE LA CONSERVATION DE L'ÉNERGIE. — Considérons un système complètement isolé du milieu ambiant et éprouvant une certaine transformation.

Puisqu'il n'y a ni échange de chaleur, ni échange de travail avec le milieu ambiant, on peut écrire :

$$q = 0 \qquad \text{et} \qquad \tau = 0.$$

La relation (2) donne alors :

$$\Delta U = 0$$

et en intégrant, il vient :

$$U = C^{te}.$$

Donc, quelles que soient les transformations éprouvées par un système complètement isolé, l'énergie possédée par ce système reste constante.

4. PRINCIPE DE L'ÉTAT INITIAL ET DE L'ÉTAT FINAL. — Considérons un système passant d'un état initial A à un état final B par un certain chemin AM_1B. Désignons par q_1 et $\mathfrak{C}_1$ le travail et la chaleur échangés avec le milieu ambiant et par $\Delta_1 U$ la variation d'énergie du système. On a :

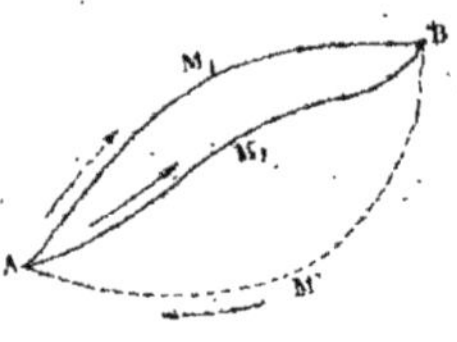

$$Jq_1 - \mathfrak{C}_1 = \Delta_1 U \qquad (3)$$

Fig. 1.

Ramenons le système de l'état final B à l'état initial A par un autre chemin $BM'A$. Soient q', $\mathfrak{C}'$ et $\Delta'U$ les grandeurs correspondantes.

On a ici :
$$Jq' - \mathfrak{C}' = \Delta'U \qquad (4)$$

Additionnons membre à membre les relations (3) et (4) ; il vient :

$$J(q_1 + q') - (\mathfrak{C}_1 + \mathfrak{C}') = \Delta_1 U + \Delta'U.$$

Or le chemin $AM_1BM'A$ constitue un cycle fermé et l'état final est identique à l'état initial. Le principe de l'équivalence impose alors, d'après la relation (2) :

$$J(q_1 + q') - (\mathfrak{C}_1 + \mathfrak{C}') = 0$$

ce qui entraîne :
$$\Delta_1 U + \Delta'U = 0$$

ou
$$\Delta_1 U = - \Delta'U \qquad (5)$$

Faisons passer maintenant le système de l'état A à l'état B par un chemin différent AM_2B.

Soit $\Delta_2 U$ la variation d'énergie correspondante. On démontrerait comme précédemment que l'on a :

$$\Delta_2 U = - \Delta'U \qquad (6)$$

La comparaison des relations (5) et (6) donne immédiatement :

$$\Delta_1 U = \Delta_2 U \qquad (7)$$

Or nous n'avons fait aucune hypothèse sur les chemins AM_1B et AM_2B. L'égalité (7) exprime donc un fait général, ce qui revient à dire que la variation d'énergie d'un système dépend exclusivement de l'état initial et de l'état final de ce système, ou encore que cette variation d'énergie est complètement indépendante des états intermédiaires.

5. Conséquence analytique du principe précédent. — On sait que pour qu'une intégrale prise le long d'une courbe soit indépendante du chemin suivi, il faut et il suffit que la quantité intégrée soit une différentielle totale exacte. Il résulte donc de ce qui précède que si l'on désigne par dU la variation élémentaire d'énergie d'un système, dU est une différentielle totale exacte.

6. La quantité de chaleur échangée dépend en général du chemin suivi. — Considérons un système éprouvant une certaine variation telle que l'état final B soit différent de l'état initial A. Nous avons vu que l'on avait :

$$Jq - \tau = \Delta U.$$

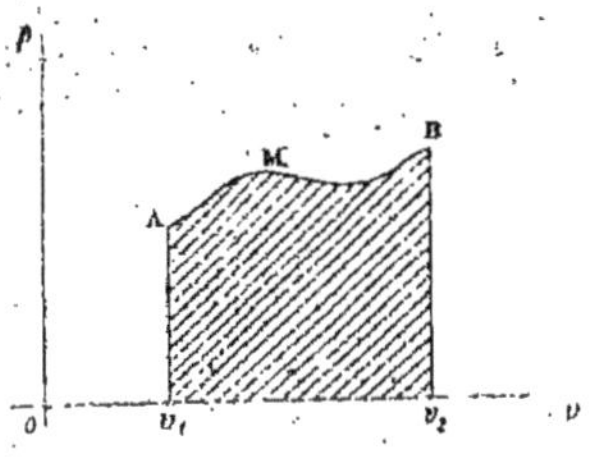

Désignons par p la pression extérieure à un instant quelconque et par v le volume correspondant occupé par le système. Soient en outre v_1 et v_2 son volume initial et son volume final.

Fig. 2.

On a alors :

$$\tau = \int_{v_1}^{v_2} p\,dv.$$

Dans le diagramme de Clapeyron ci-contre, ce travail

est représenté par l'aire $AMBV_2V_1A$ et il est clair que cette aire dépend essentiellement du chemin suivi AMB.

Considérons alors la relation précédente :

$$Jq - \mathfrak{C} = \Delta U.$$

Dans cette relation J est constant, ΔU est indépendant du chemin suivi et nous venons de voir que $\mathfrak{C}$ dépend de ce chemin; donc q en dépend forcément aussi.

7. Cas particuliers dans lesquels la chaleur échangée est indépendante du chemin suivi.

Il y aura exception à ce qui précède dans le cas où les forces extérieures agissant sur le système admettent un potentiel, par exemple lorsque la transformation a lieu à pression constante, car alors le travail $\mathfrak{C}$ est indépendant du chemin suivi. La quantité de chaleur échangée ne dépendra que de l'état initial et de l'état final du système.

De même, cette quantité de chaleur sera indépendante des états intermédiaires pour les transformations dans lesquelles le travail extérieur est nul. En effet la relation :

$$Jq - \mathfrak{C} = \Delta U$$

se réduit alors à :

$$Jq = \Delta U$$

Jq devenant égal à la variation d'énergie possédera par suite la propriété de celle-ci de ne dépendre que des états initial et final.

Les exceptions précédentes prennent, on le sait, une grande importance en thermochimie.

8. Conséquence analytique du N° 6. — La quantité

élémentaire de chaleur échangée dq n'est pas une différentielle totale exacte.

9. TRANSFORMATIONS RÉVERSIBLES. — On appelle transformation réversible une transformation qui peut être considérée comme constituée par une suite d'états d'équilibre.

Cette définition paraît impliquer contradiction et il est clair qu'une transformation rigoureusement réversible ne pourrait pas se produire. Mais imaginons que sur le système en équilibre ainsi considéré vienne agir une certaine cause additionnelle qui produise la transformation. Cette transformation sera réversible à la limite lorsque la cause additionnelle deviendra infiniment petite, l'effort moteur et l'effort résistant étant alors égaux. Les transformations réversibles sont donc des transformations idéales qui ne seront jamais rigoureusement réalisables.

10. PRINCIPE DE CARNOT. — Représentons par T la température absolue. L'énoncé général du principe de Carnot est :

Pour tout cycle fermé et constitué uniquement par des transformations réversibles, on a :

$$\int \frac{dq}{T} = 0 \tag{8}$$

cette intégrale étant prise le long de la courbe représentative des transformations.

Les énoncés élémentaires du principe de Carnot peuvent être considérés comme des corollaires du principe général ci-dessus. Il suffirait en effet d'appliquer la relation (8) au cycle fermé et réversible constitué par deux adiabatiques et deux isothermiques pour retrouver le principe de Carnot sous sa forme usuelle.

On sait que du principe de Carnot dérive ce fait que le rendement d'une transformation quelconque de chaleur en travail est toujours inférieur à l'unité. On peut dire encore avec Clausius que « de la chaleur ne peut être transformée en travail que si de la chaleur à une certaine température devient de la chaleur à une autre température » et c'est bien là ce que le principe de Carnot exprime sous une forme précise. Il résulte de ce qui précède que la chaleur peut être considérée comme une forme inférieure de l'énergie puisque sa transformation complète en travail est impossible. Toutes les formes de l'énergie tendent d'ailleurs à se transformer en chaleur et par suite, dans tout système isolé qui évolue, la possibilité de faire du travail diminue constamment bien que l'énergie de ce système reste constante. C'est ce qu'on appelle la *dégradation de l'énergie*.

11. ENTROPIE. — En partant du fait que l'intégrale curviligne

$$\int \frac{dq}{T}$$

prise le long d'un cycle fermé et entièrement réversible est nulle, c'est-à-dire en partant du principe même de Carnot, on peut démontrer facilement que *pour toute transformation réversible*, la quantité :

$$\frac{dq}{T}$$

est une différentielle totale exacte.

Posons alors :
$$\frac{dq}{T} = dS.$$

La fonction S est appelée *l'entropie* du système. Pour

chaque état d'un système donné, l'entropie a une valeur déterminée.

Cette fonction possède la remarquable propriété suivante : toutes les fois qu'un système isolé se transforme, son entropie augmente.

Remarque. — Nous avons vu précédemment (au n° 8) que la quantité dq n'était pas en général une différentielle totale exacte. On voit donc que $\frac{1}{T}$ joue ici le rôle de facteur intégrant.

12. Utilisation des principes de thermodynamique qui précèdent. — Pour utiliser les principes de thermodynamique que nous venons d'exposer, on peut employer trois méthodes différentes.

La plus simple de ces méthodes consistera à faire parcourir au système considéré un cycle fermé et à écrire que d'après le principe de l'équivalence on a :

$$Jq = \mathcal{E}.$$

En outre, dans le cas où le cycle décrit est entièrement réversible, on pourra encore écrire que d'après le principe de Carnot on a :

$$\int \frac{dq}{T} = 0.$$

La seconde méthode est ordinairement d'une application plus compliquée, mais elle présente un grand caractère de généralité. Elle consiste à exprimer analytiquement que les variations élémentaires d'énergie et d'entropie dU et dS sont des différentielles totales exactes.

Supposons par exemple que l'état d'un système soit

fonction de deux variables indépendantes x et y. Formons l'expression de la variation élémentaire d'énergie. Cette expression sera de la forme :

$$dU = F\,(x,\,y)\,dx + \varphi\,(x,\,y)\,dy.$$

Exprimons que dU est une différentielle totale exacte. On a :

$$\frac{\partial F}{\partial y} = \frac{\partial \varphi}{\partial x}\,.$$

On procéderait de la même façon pour l'entropie.

Enfin, la troisième méthode consiste à considérer certaines fonctions ordinairement appelées potentiels thermodynamiques, qui dépendent à la fois de l'énergie et de l'entropie et dont les propriétés générales ont été déterminées une fois pour toutes.

En même temps que ces fonctions, nous définirons les notions importantes de chaleur compensée et de chaleur non compensée.

13. POTENTIELS THERMODYNAMIQUES. — Il est utile de préciser d'abord certains points pour mieux fixer les idées :

Ici ϖ désignera spécialement le travail extérieur accompli par le système et q la chaleur que ce système absorbe et qui est fournie par le milieu ambiant. D'autre part nous poserons :

$$\Delta U = U_2 - U_1.$$

La formule (2) s'écrira alors :

$$Jq - \varpi = U_2 - U_1 \tag{9}$$

Enfin — et cette dernière observation est essentielle — nous supposerons jusqu'à la fin du présent paragraphe que toutes les transformations étudiées sont *iso-thermiques*.

Cela établi, considérons l'une de ces transformations. On a $T = C^{te}$ et par suite on peut écrire :

$$\int \frac{dq}{T} = \frac{1}{T} \int dq = \frac{q}{T}.$$

Supposons que cette transformation ne constitue pas un cycle fermé et qu'elle soit réversible. En désignant par S_1 et S_2 les valeurs initiale et finale de l'entropie du système étudié, on a ici :

$$\int \frac{dq}{T} = S_2 - S_1$$

et en remplaçant dans cette égalité $\int \frac{dq}{T}$ par sa valeur trouvée plus haut, il vient :

$$\frac{q}{T} = S_2 - S_1$$

ou $\qquad\qquad q = T (S_2 - S_1).$

Mais lorsque la transformation considérée n'est pas réversible, la relation précédente n'est plus satisfaite et l'on a toujours :

$$q < T (S_2 - S_1).$$

Posons alors : $\quad q = T (S_2 - S_1) - q' \qquad\qquad (10)$

q' étant une quantité essentiellement positive qui s'annule quand la transformation est réversible.

La quantité de chaleur $T (S_2 - S_1)$ est appelée *chaleur compensée* et q' *chaleur non compensée*.

La grandeur $JT (S_2 - S_1)$ est dite *travail compensé* et la grandeur Jq', *travail non compensé*.

Dans la formule (9) remplaçons q par sa valeur donnée par (10). On a :

$$J [T(S_2 - S_1) - q'] - \omega = U_2 - U_1$$

ou $\qquad (U_1 - JTS_1) - (U_2 - JTS_2) = \mathcal{C} + Jq'$ $\qquad$ (11)

La fonction : $\qquad \mathcal{F} = U - JTS$

est appelée *énergie utilisable*, *énergie libre* ou *potentiel thermodynamique interne* du système.

La relation (11) peut s'écrire :

$$\mathcal{F}_1 - \mathcal{F}_2 = \mathcal{C} + Jq'.$$

Or Jq' est positif et s'annule quand la transformation devient réversible. Donc :

1° Dans toute transformation non réversible, le travail extérieur est inférieur à la diminution du potentiel thermodynamique interne ;

2° Dans toute transformation réversible, le travail extérieur est égal à la diminution du potentiel thermodynamique interne.

Ce dernier résultat peut encore s'exprimer comme il suit :

Physiquement, le potentiel thermodynamique interne représente la quantité maximum de travail que peut fournir le système lorsqu'il évolue de façon réversible.

Lorsque les forces extérieures agissant sur le système considéré admettent un potentiel[1] Ω, on appelle *potentiel thermodynamique total* ou simplement *potentiel thermodynamique* la fonction :

$$\Phi = \mathcal{F} + \Omega.$$

Dans toute transformation isothermique réversible, le potentiel thermodynamique reste constant.

Si la transformation n'est pas réversible, le potentiel

---

1. Dans deux cas particulièrement importants, transformation sous pression constante et transformation à volume constant, on est certain que les forces extérieures admettent un potentiel. Dans le premier cas, on a : $\Omega = pv + C^{te}$ et dans le second cas $\Omega = C^{te}$.

thermodynamique diminue et sa variation est égale au travail non compensé changé de signe.

Tout ce qui précède nous permet d'énoncer la règle suivante :

Pour qu'une modification isothermique d'un système soit possible, il faut que la chaleur non compensée soit nulle (réversibilité) ou positive (irréversibilité), ou encore que le potentiel thermodynamique du système reste constant (réversibilité) ou diminue (irréversibilité).

Enfin, on peut affirmer qu'un système est dans un état d'équilibre stable lorsque son potentiel thermodynamique est minimum.

CHAPITRE II

PHYSICOCHIMIE

14. Poids moléculaires et atomiques. — On sait que l'étude des phénomènes physiques et chimiques a conduit à admettre que la matière n'était continue qu'en apparence et qu'elle était en réalité constituée par des particules très petites appelées molécules, chaque molécule étant elle-même formée, sauf de rares exceptions, par plusieurs parties plus petites nommées atomes..

On sait qu'un certain nombre de méthodes physiques (dont nous allons étudier quelques-unes) permettent de comparer approximativement les poids des molécules des différents corps. Des analyses chimiques permettent ensuite de comparer avec plus de précision les poids des atomes de ces corps. Actuellement, tous les poids atomiques et moléculaires sont rapportés au poids atomique de l'oxygène qui est pris par convention égal à 16. Le poids atomique exact de l'hydrogène est alors 1,008.

15. Hypothèse d'Avogadro. — Avogadro a émis l'hypothèse que sous la même pression et à la même température, des volumes égaux de différents gaz renferment tous le même nombre de *molécules*.

Rappelons qu'on déduit de là que le poids moléculaire d'un corps est égal au produit de sa densité de vapeur par le nombre constant 29.

Les valeurs ainsi obtenues ne sont qu'approximatives.

Volume de la molécule-gramme. — Nous avons vu que les poids moléculaires étaient des nombres abstraits servant simplement de termes de comparaison, mais n'exprimant aucun poids réel. Pour la commodité des calculs, on convient d'appeler molécule-gramme d'un corps, son poids moléculaire représentant des grammes. La molécule-gramme n'a donc aucune réalité physique. Mais il est clair que les molécules-grammes des différents corps contiennent toutes le même nombre de molécules réelles.

Cela posé, il résulte de l'hypothèse d'Avogadro que les molécules-grammes des différents gaz placés dans les mêmes conditions de température et de pression, occupent toutes le même volume. L'expérience montre que ce volume est approximativement égal à 22,4 litres à la température de 0° et sous la pression de 76 centimètres de mercure.

Ainsi, 2 grammes d'hydrogène, 32 grammes d'oxygène, 71 grammes de chlore, 44 grammes d'anhydride carbonique, occupent tous à 0° et sous la pression de 1 atmosphère, un volume qui est sensiblement égal à 22,4 litres.

16. **Lois de Raoult et de Van't Hoff.** — Les densités de vapeur sont loin d'être les seules grandeurs physiques qui soient liées aux poids moléculaires des corps. Certaines propriétés des dissolutions dépendent également des poids moléculaires des substances dissoutes, et des lois très remarquables furent découvertes à ce sujet par Raoult et par Van't Hoff. Les lois de Raoult

sont relatives à la cryoscopie, à la tonométrie et à l'ébullioscopie et celle de Van't Hoff est relative à la pression osmotique.

17. CRYOSCOPIE. — Lorsqu'on dissout une substance dans un liquide, le point de congélation de ce liquide s'abaisse.

Désignons par :

M le poids moléculaire de la substance dissoute.

p le poids qu'on a fait dissoudre de cette substance.

P le poids du dissolvant.

Δ l'abaissement de son point de congélation (cet abaissement étant la différence entre la température de la congélation avant la dissolution et la température de la congélation après la dissolution).

A une constante spéciale au dissolvant.

Entre ces différentes grandeurs, on a la relation :

$$\Delta = A \, \frac{p}{PM} \qquad (12)$$

Cette loi ne s'applique qu'aux dissolutions modérément concentrées et surtout *qui ne conduisent pas l'électricité*.

Remarque I. — En règle générale, les cristaux qui se forment au moment de la congélation ne sont constitués que par le dissolvant. Il doit d'ailleurs en être ainsi pour que la loi ci-dessus soit applicable et si les cristaux formés au début de la congélation étaient constitués non seulement par le dissolvant mais aussi par la substance dissoute, cette loi serait en défaut. Cela aura lieu si le dissolvant et le corps dissous possèdent des propriétés chimiques très voisines et tout particulièrement s'ils sont isomorphes. Le corps dissous et le dissolvant forment alors dans les cristaux une solution solide.

Remarque II. — Il résulte de la relation précédente que l'abaissement du point de congélation est le même toutes les fois qu'on dissout une molécule-gramme d'une substance quelconque dans un poids déterminé du même dissolvant (à condition bien entendu que les dissolutions ainsi obtenues satisfassent aux conditions énoncées ci-dessus.)

En effet dans la relation (12) faisons :

$$p = M.$$

Cette formule devient alors :

$$\Delta = \frac{A}{P}$$

et l'on voit que Δ a bien la même valeur quelle que soit la substance dissoute.

Remarque III. — La constante A est souvent nommée *constante cryoscopique*. Quelquefois, ce sont les constantes $\frac{A}{100}$ ou $\frac{A}{1.000}$ que l'on appelle ainsi. Enfin, toutes ces constantes reçoivent encore le nom *d'abaissement moléculaire*. Afin de permettre d'éviter les erreurs auxquelles ces différentes conventions peuvent donner lieu dans l'emploi des tables, nous donnons ci-dessous la valeur de la constante A de la formule (12) dans le cas de l'eau. Cette constante se trouvant dans toutes les tables pourra par suite servir de point de repère pour les constantes cryoscopiques des autres liquides, qu'il y aura lieu suivant les cas de prendre telles quelles ou de multiplier par 100 ou par 1.000.

Pour l'eau, on a :

$$A = 1860.$$

18. EBULLIOSCOPIE. — Lorsqu'on dissout une substance dans un liquide, le point d'ébullition de ce liquide s'élève.

Désignons par :

M, p et P les mêmes quantités que précédemment.

A l'élévation du point d'ébullition du dissolvant.

B une constante spéciale à ce dissolvant.

Entre ces différentes grandeurs, on a la relation :

$$A = B.\frac{p}{PM} :$$

Cette loi ne s'applique qu'aux dissolutions modérément concentrées et surtout *qui ne conduisent pas l'électricité*.

Remarque I. — Pour que la loi de l'ébullioscopie soit exactement applicable, il est indispensable que la tension de vapeur du corps dissous soit négligeable à la température à laquelle on opère.

Remarque II. — On verrait comme à la remarque II du n° 18 que l'élévation du point d'ébullition est le même toutes les fois qu'on dissout une molécule-gramme d'une substance quelconque dans un poids déterminé du même dissolvant.

Remarque III. — Pour l'eau, B = 520.

19. TONOMÉTRIE. — Lorsqu'on dissout une substance dans un liquide, la force élastique maximum de la vapeur de ce liquide diminue.

Désignons par :

M, p et P les mêmes quantités que précédemment.

f la force élastique maximum de la vapeur du liquide avant la dissolution.

f' la force élastique maximum de la vapeur de ce liquide après la dissolution.

C une constante spéciale au dissolvant.

Entre ces différentes grandeurs, on a la relation :

$$\frac{f - f'}{f} = C \, \frac{p}{\text{PM}} \cdot$$

Cette loi ne s'applique qu'aux dissolutions modérément concentrées et surtout *qui ne conduisent pas l'électricité*.

Remarque I. — Pour que la loi de la tonométrie soit exactement applicable, il est indispensable que la tension de vapeur du corps dissous soit négligeable à la température à laquelle on opère.

Remarque II. — Le rapport $\frac{f - f'}{f}$ est ordinairement appelé *abaissement relatif de la force élastique maximum*. On verrait comme à la remarque II du n° 18 que cet abaissement relatif est le même toutes les fois qu'on dissout une molécule-gramme d'une substance quelconque dans un poids déterminé du même dissolvant.

Remarque III. — Pour l'eau, C = 18,5.

20. PRESSION OSMOTIQUE.

A. **Paroi semi-perméable**. — On appelle paroi semi-perméable une paroi qui peut être traversée par le liquide dissolvant d'une solution mais qui arrête le corps dissous.

On peut obtenir une très bonne paroi semi-perméable

de la façon suivante : On prend un vase de porcelaine poreuse qu'on remplit d'une solution de sulfate de cuivre. Puis, on plonge ce vase dans une solution de ferrocyanure de potassium. Les deux solutions pénètrent dans la porcelaine poreuse l'une par la paroi interne, l'autre par la paroi externe et il se forme dans les pores de cette porcelaine un précipité gélatineux de ferrocyanure de cuivre. La paroi pourra alors être traversée par l'eau d'une dissolution, mais arrêtera la substance dissoute. Le vase ainsi obtenu [1] est ordinairement appelé cellule de Pfeffer.

B. **Fait fondamental et définition de la pression osmotique.** — Plaçons une solution dans la cellule de Pfeffer et mettons l'intérieur de cette cellule en communication avec un manomètre. Puis plongeons la cellule dans de l'eau pure. On constate alors que la pression indiquée par le manomètre s'élève progressivement jusqu'à une certaine valeur

Fig. 3.

maximum. Cette pression finale est par définition la pression osmotique.

L'ensemble de l'appareil constitue un *osmomètre*.

On peut admettre que la pression osmotique résulte de l'attraction exercée par le corps dissous sur le liquide dissolvant.

C. **Loi de Van't Hoff.** — Les pressions osmotiques sont régies par la loi très remarquable que voici :

1. Ce vase doit être soigneusement lavé après sa préparation.

La pression osmotique d'une solution est égale à la pression qu'exercerait la substance dissoute si à la température de l'expérience cette substance était gazeuse et occupait le même volume que la solution.

Cette loi ne s'applique qu'aux solutions modérément concentrées et surtout *qui ne conduisent pas l'électricité*.

De la loi de Van't Hoff dérivent les corollaires suivants :

1° *A une même température, la pression osmotique est la même pour toutes les solutions contenant le même nombre de molécules de substance dissoute dans l'unité de volume.*

On voit que ce corollaire ne fait qu'appliquer aux dissolutions et sous une forme à peine différente le principe qu'Avogadro avait proposé pour les gaz (n° 15).

2° *La pression osmotique est proportionnelle à la concentration de la dissolution.*

Ce corollaire n'est que l'application de la loi de Mariotte aux dissolutions.

3° *La pression osmotique augmente avec la température et elle est proportionnelle au binôme de dilatation* $1 + \alpha t$. (*t* représentant la température et α le coefficient de dilatation des gaz).

On reconnaît ici la loi de Gay-Lussac.

4° *Lorsqu'une dissolution contient dans 22,4 litres de liquide une molécule-gramme de substance dissoute et que la température centigrade est 0°, la pression osmotique de cette dissolution est égale à 1 atmosphère.*

C'est une application évidente de ce qui a été dit au sujet des gaz pour le volume de la molécule-gramme.

D. Formule. — Considérons deux dissolutions, l'une à la température de *t°* et contenant un poids quelconque, *a* grammes, de substance dissoute par litre, l'autre à la température de 0° et contenant une molécule-gramme (M grammes) de substance dissoute dans 22,4 l.

Désignons par H la pression osmotique de la première dissolution. La pression osmotique de la seconde est d'après ce qui précède égale à 1 atmosphère ou 76 centimètres de mercure. Écrivons que les pressions osmotiques sont proportionnelles aux concentrations et aux binômes de dilatation. On a :

$$\frac{H}{76} = \frac{\dfrac{a}{1}}{\dfrac{M}{22,4}} \times \frac{1 + \alpha t}{1}$$

ce qu'on peut écrire :

$$\frac{H}{76} = \frac{\dfrac{a}{1}}{\dfrac{M}{22,4}} \times \frac{\dfrac{1}{\alpha} + t}{\dfrac{1}{\alpha}} .$$

Or $\frac{1}{\alpha} + t = 273 + t = T$, température absolue. On aura donc en fin de compte :

$$\frac{H}{76} = \frac{\dfrac{a}{1}}{\dfrac{M}{22,4}} \times \frac{T}{273} .$$

21. DÉPENDANCE MUTUELLE DES PHÉNOMÈNES CRYOSCOPIQUES, ÉBULLIOSCOPIQUES, TONOMÉTRIQUES ET OSMOTIQUES. — Ces divers phénomènes sont liés les uns aux autres. Ainsi lorsque pour une dissolution connue on donne l'une des quatre grandeurs :

Abaissement du point de congélation du dissolvant ;

Élévation de son point d'ébullition ;

Abaissement relatif de la force élastique maximum de sa vapeur ;

Pression osmotique ;

Il est possible de calculer les trois autres (même si la solution conduit l'électricité).

Ce calcul repose sur des considérations purement thermodynamiques et n'implique aucune hypothèse sur la constitution moléculaire du corps dissous.

CHAPITRE III

VITESSES DES RÉACTIONS

22. DÉFINITION. — Considérons une réaction dans laquelle se produit un certain corps **A**. Soient x le poids de ce corps existant dans l'unité de volume à un instant θ et $x + \Delta x$ le poids du même corps existant dans l'unité de volume à l'instant $\theta + \Delta\theta$. On appelle vitesse de la réaction à l'instant θ la limite vers laquelle tend le rapport $\frac{\Delta x}{\Delta\theta}$ lorsque $\Delta\theta$ tend vers zéro.

En désignant cette vitesse par **V**, on peut donc écrire :

$$V = \frac{dx}{d\theta}.$$

23. INFLUENCE DE LA TEMPÉRATURE. — Les vitesses d'une même réaction à des températures différentes et toutes les autres conditions étant identiques dépendent de ces températures d'après une relation qui est de la forme.

$$V = Ka^{T}.$$

Dans cette relation T représente la température absolue, K et a sont des constantes particulières à la réaction considérée.

24. INFLUENCE DES CONCENTRATIONS. LOI D'ACTION DE MASSE (GULDBERG ET WAAGE). — Considérons le premier membre d'une réaction exprimée en molécules [1] (ou d'une façon plus générale en éléments autonomes) :

$$aA + bB + \ldots = \ldots$$

les coefficients a, b, etc., étant entiers et irréductibles.

Soient C_1, C_2, etc., les concentrations [2] des corps A, B, etc.

La vitesse de la réaction est alors donnée par une relation de la forme :

$$V = KC_1{}^a C_2{}^b \ldots$$

Dans cette relation, K est une constante particulière à la réaction considérée et dépendant en outre [3] de la température à laquelle cette réaction se produit.

La loi d'action de masse n'est applicable que dans le cas de concentrations assez faibles.

---

1. Ainsi, il ne faudrait pas partir de la réaction :
$$AzO + O = \ldots$$
mais de la réaction :
$$2AzO + O^2 = \ldots$$

2. En principe, les concentrations sont exprimées en nombre de molécules-grammes par unité de volume.

3. K peut encore dépendre d'autres facteurs physiques, la lumière par exemple.

CHAPITRE IV

THERMOCHIMIE

Les principes de la thermochimie étant étudiés dans tous les cours élémentaires, il n'y a pas lieu d'y revenir ici. Mais il n'est pas inutile de préciser d'une part, le sens de la notation ordinairement adoptée et d'autre part les limites d'application des principes de Berthelot.

25. Notation. — Lorsqu'une réaction est suivie de l'indication de la chaleur dégagée ou absorbée, il faut ordinairement entendre que les symboles de cette réaction représentant les poids atomiques en *grammes*, le nombre exprimant la quantité de chaleur représente des *grandes* calories.

Ainsi la réaction : $2H + 0 = H^2 0$ liquide $+ 69^c$ signifie que 2 grammes d'hydrogène se combinent à 16 grammes d'oxygène pour donner 18 grammes d'eau à l'état liquide, en dégageant 69 grandes calories.

La convention ci-dessus qui peut paraître bizarre a été faite à cause des quantités de chaleur généralement considérables mises en jeu dans les phénomènes chimiques et pour éviter l'emploi de nombres trop grands.

26. Application du principe de thermochimie dit de l'état initial et de l'état final. — Ce principe est absolument rigoureux, mais il ne faut pas perdre de vue qu'il n'est applicable que lorsque les forces extérieures admettent un potentiel, par exemple lorsque la transformation a lieu à pression constante ou encore à volume constant. La base thermodynamique de ce principe a été exposée au n° 7.

27. APPLICATION DU PRINCIPE DU TRAVAIL MAXIMUM. — Considéré au point de vue théorique, le principe du travail maximum est faux. Il est d'ailleurs quelquefois démenti par les faits. Cependant, ce principe est vérifié par l'expérience dans la grande majorité des cas et par suite il présente une incontestable utilité pratique, analogue à celle des anciennes lois de Berthollet et d'ailleurs plus grande que cette dernière.

La prévision des réactions doit être basée sur les principes généraux actuellement connus de la thermodynamique. C'est ainsi qu'on a pu dire :

Dans un système isolé, une réaction chimique n'est possible que si elle entraîne une augmentation de l'entropie du système.

Cette loi ne présente guère d'utilité pratique. Mais la considération des potentiels thermodynamiques ou encore celle de la chaleur compensée et de la chaleur non compensée peut[1] nous fournir des propositions plus immédiatement applicables.

Dans la relation (10) :

$$q = T(S_2 - S_1) - q'$$

---

[1]. Dans ce qui suit, nous admettrons que toute la chaleur dégagée passe dans le milieu ambiant où que ce milieu fournit toute la chaleur absorbée de telle façon que la transformation chimique puisse être considérée comme isothermique.

q représentait la chaleur absorbée par le système. La chaleur dégagée est évidemment $- q$ et l'on a :

$$- q = T(S_1 - S_2) + q'.$$

1° Si la transformation est réversible, $q' = 0$; la chaleur dégagée prend alors le signe de la différence $S_1 - S_2$; celle-ci peut être positive ou négative.

2° A mesure que la transformation s'écarte des conditions de la réversibilité, q' (essentiellement positif) augmente et finit dans tous les cas par donner son signe à l'expression de la chaleur dégagée qui devient alors toujours positive.

Ces considérations permettent d'apercevoir la raison de la confirmation expérimentale fréquente du principe du travail maximum et en même temps l'origine de la part d'erreur qu'il contient :

L'erreur réside dans la confusion entre la chaleur totale et la chaleur non compensée qui seule est toujours positive. La vérification expérimentale fréquente résulte du fait que dans un très grand nombre de réactions (celles qui s'accomplissent loin de la réversibilité), la chaleur non compensée constitue la majeure partie de la chaleur totale.

Nous sommes en outre conduits à la règle pratique suivante :

Le principe du travail maximum est vérifié d'autant plus souvent que les conditions dans lesquelles s'accomplissent les changements chimiques étudiés sont plus éloignées de celles pour lesquelles il y aurait équilibre.

Ainsi le principe du travail maximum aura de très grandes chances d'être confirmé par l'expérience dans le cas de réactions vives ou violentes.

CHAPITRE V

STATIQUE CHIMIQUE

28. DISSOCIATION ET ÉQUILIBRES CHIMIQUES. — Dans certains cas la décomposition d'un corps par la chaleur peut se poursuivre sans limite, même en vase clos. Mais le plus souvent, cette décomposition est limitée par la recombinaison des produits auxquels elle a donné naissance. Il s'établit alors un état d'équilibre entre les deux réactions inverses de décomposition et de recombinaison. Cet équilibre particulier est appelé équilibre chimique et la décomposition prend le nom de dissociation.

Pour indiquer que la réaction est réversible, on sépare ses deux membres par le symbole $\rightleftarrows$. Ainsi, lorsqu'on porte en vase clos de la vapeur d'eau à la température de 1 200°, on a la réaction :

$$H^2O \rightleftarrows 2H + O.$$

Pour pouvoir appliquer directement la loi d'action de masse (voir n°s 24 et 32) il est commode d'exprimer immédiatement la réaction en molécules ; on écrira donc de préférence :

$$2H^2O \rightleftarrows 2H^2 + O^2.$$

29. LOI DES PHASES. — Cette loi permet de déterminer le nombre de variables indépendantes dont dépend l'équilibre d'un système chimique. Nous verrons qu'elle est en outre applicable à ceux des équilibres physiques qui sont analogues aux équilibres chimiques.

Le nombre des variables indépendantes dont dépend l'équilibre de pareils systèmes porte le nom de *variance*.

Avant d'indiquer les variables dont dépend ordinairement l'équilibre d'un système chimique, donnons d'abord quelques renseignements sur les autres grandeurs qui vont intervenir dans la loi des phases.

A. Phases. — On appelle phases d'un système les différents milieux *homogènes* dont se compose ce système.

Ainsi le mélange de plusieurs gaz simples ou composés constitue une seule phase.

Le mélange de plusieurs liquides constitue également une seule phase (à condition toutefois que ces liquides soient réellement miscibles).

Enfin, dans un mélange de plusieurs solides, le nombre des phases est égal à celui des corps simples ou composés différents qui sont contenus dans le mélange.

Exemples. — Dans le système :

$$CO^3Ca \rightleftarrows CaO + CO^2$$
Solide.　　Solide.　　Gaz.

il y a trois phases dont deux phases solides et une phase gazeuse.

Dans le système :

$$2HI \rightleftarrows H^2 + I^2$$
Gaz..　　Gaz.　Gaz.

il n'y a qu'une seule phase qui est gazeuse.

B. Nombre des constituants indépendants d'un système. — Les constituants d'un système sont les corps simples ou composés dont l'ensemble forme ce système. Ainsi dans chacun des deux exemples donnés précédemment, il y avait trois constituants.

Le nombre des constituants *indépendants* d'un système est le nombre minimum de constituants dont on serait obligé de prendre des poids convenables pour pouvoir réaliser le système considéré si l'on fixait à l'avance et arbitrairement les poids que devraient alors avoir tous les constituants de ce système.

En règle générale, lorsqu'un système comprend n constituants reliés par une réaction, il y a $n-1$ constituants indépendants.

Ainsi dans chacun des systèmes précédents il y avait deux constituants indépendants.

C. Grandeurs dont dépend ordinairement l'équilibre des systèmes chimiques. — Ces grandeurs sont :

La température.

La pression.

Les compositions centésimales des phases.

Remarque. — On peut facilement se rendre compte du fait que le poids total d'une phase ne peut avoir aucune influence sur l'état d'équilibre d'un système. En effet considérons un système en équilibre et au moyen d'un dispositif mécanique quelconque, par exemple un robinet que nous fermerons, isolons une partie d'une phase du reste du système. Il est clair que l'équilibre subsistera.

Enoncé de la loi. — Soient :

φ le nombre des phases d'un système en équilibre.

c le nombre de ses constituants indépendants.

x la variance de ce système.

Entre ces différentes grandeurs, on a la relation :

$$x = c + 2 - \varphi.$$

Cette loi remarquable a été découverte par Willard Gibbs.

Exemples d'application. — Pour le système :

$$CO_3Ca \rightleftarrows CaO + CO_2$$

la loi des phases donne :

$$x = 2 + 2 - 3 = 1.$$

Ce système est donc monovariant. Remarquons d'abord que chaque phase étant formée par une seule combinaison définie, les compositions centésimales des phases seront ici forcément constantes.

Les variables seront donc la température et la pression. Mais une seule de ces variables est indépendante puisque le système est monovariant et l'expérience montre en effet qu'à chaque température correspond une pression déterminée qui limite à la fois la décomposition et la recombinaison. On sait que cette pression est appelée *tension de dissociation*.

Considérons maintenant le système :

$$2HI \rightleftarrows H_2 + I_2.$$

La loi des phases donne ici :

$$x = 2 + 2 - 1 = 3.$$

Ce système est donc trivariant c'est-à-dire que des quatre variables :

Température ;

Pression ;

Rapport du poids d'hydrogène libre au poids total de la phase gazeuse ;

Rapport du poids d'iode libre au poids total de la phase gazeuse ;

Trois seulement sont indépendantes.

Remarque I. — Lorsqu'on limite par une condition les variations que peut éprouver la composition centésimale d'une phase d'un système, la variance de ce système diminue d'une unité.

Par exemple, si le système précédent a été obtenu uniquement par la dissociation d'une certaine quantité d'acide iodhydrique sans qu'on ait introduit une quantité supplémentaire d'hydrogène ou d'iode, les poids d'hydrogène et d'iode libre du système considéré sont certainement dans le rapport de 1 à 127 et la variance de ce système devient :

$$3 - 1 = 2.$$

Remarque II. — La loi des phases s'applique également à ceux des équilibres physiques qui sont analogues aux équilibres chimiques.

Soit par exemple le cas d'un liquide surmonté de sa vapeur. Cet équilibre peut être représenté par la relation :

$$\text{liquide} \rightleftarrows \text{vapeur.}$$

La loi des phases donne alors :

$$x = 1 + 2 - 2 = 1.$$

On sait en effet que ce système est monovariant puisqu'à toute température correspond une pression déterminée appelée force élastique maximum de la vapeur du liquide à la température de l'expérience, pression qui limite à la fois l'évaporation et la liquéfaction.

30. Déplacement de l'équilibre. — Il ne suffit pas pour les applications de connaître le nombre de variables indépendantes dont dépend l'équilibre d'un système donné. Il est en outre très important de savoir dans quel sens se déplacera cet équilibre, c'est-à-dire quelles modifications *intérieures* éprouvera le système, si l'on agit sur l'une des variables.

Si c'est sur l'un des facteurs énergétiques, pression ou température, que l'on agit, le déplacement de l'équilibre est régi par une loi très générale dite loi de modération. Si c'est la composition centésimale de l'une des phases qu'on modifie, le déplacement de l'équilibre est régi par la loi d'action de masse.

31. Loi de modération (Le Chatelier et Van't Hoff). — Cette loi peut être énoncée de la façon suivante :

Etant donné un système en équilibre, si l'on fait varier très peu la pression ou la température, le déplacement de l'équilibre *tend* à s'opposer à cette variation initiale.

Ainsi dans la région des températures où peut avoir lieu la réaction réversible :

$$Az^2 + O^2 \rightleftarrows 2AzO$$

toute élévation de température détermine la formation d'une certaine quantité d'oxyde azotique parce que cette formation est endothermique[1] et tout abaissement de température détermine la dissociation d'une certaine

---

1. On a : $Az^2 + O^2 = 2\,AzO - 43^c,2$.

quantité de ce corps, puisque cette dissociation est exothermique.

La loi de modération est applicable à ceux des équilibres physiques qui sont analogues aux équilibres chimiques.

32. Loi d'action de masse appliquée aux équilibres chimiques. — Considérons une réaction réversible exprimée en molécules [1]

$$aA + bB + \ldots \rightleftarrows a'A' + b'B' + \ldots$$

les coefficients

$$a, b, \text{etc.}, \quad a', b', \text{etc.}$$

étant en outre entiers et irréductibles.

Soient C_1, C_2, etc., les concentrations des corps du premier membre et γ_1, γ_2, etc., les concentrations des corps du second membre. Nous supposerons que toutes ces concentrations sont suffisamment faibles pour qu'on puisse appliquer la loi d'action de masse.

La vitesse de la réaction directe sera d'après cette loi :

$$V = K C_1{}^a C_2{}^b \ldots$$

La vitesse de la réaction inverse sera de même :

$$V' = K' \gamma_1{}^{a'} \gamma_2{}^{b'} \ldots$$

Il y aura équilibre au moment où

$$V = V'$$

car alors la quantité de n'importe quel corps de la réaction, formée pendant l'unité de temps est égale à la quantité de ce corps détruite pendant le même temps.

---

1. Ou d'une façon plus générale en éléments autonomes.

En remplaçant V et V' par leurs valeurs dans l'égalité précédente, il vient :

$$KC_1{}^a C_2{}^b\ldots = K'\gamma_1{}^{a'}\gamma_2{}^{b'}\ldots$$

d'où l'on tire :

$$\frac{C_1{}^a C_2{}^b\ldots}{\gamma_1{}^{a'}\gamma_2{}^{b'}\ldots} = \frac{K'}{K} = C^{te}.$$

Cette constante est ordinairement appelée *constante de l'équilibre*.

Nous avons indiqué à la fin du n° 30 le cas dans lequel il y a lieu d'appliquer la formule ci-dessus.

Le raisonnement qui précède nous montre la nature très particulière des équilibres chimiques. Ce sont des équilibres statiques.

DEUXIÈME PARTIE

Théorie de l'électrolyse.

CHAPITRE PREMIER

DISSOCIATION ÉLECTROLYTIQUE

33. Classification des corps conducteurs de l'électricité. — Les corps qui conduisent le courant électrique peuvent se classer en deux grandes catégories. On a :

1° *Les conducteurs inaltérables.* — Ce sont les conducteurs dans lesquels le passage du courant ne produit aucune modification d'ordre chimique. Tels sont par exemple les métaux.

2° *Les conducteurs altérables* ou *électrolytes.* — Ce sont ceux qui éprouvent des modifications d'ordre chimique et notamment des décompositions du fait du passage du courant.

Sont électrolytes :

Les dissolutions des sels, acides, et bases dans l'eau ou dans certains autres dissolvants.

Les sels fondus.

A un degré très faible, beaucoup de sels solides au voisinage de leur point de fusion [1].

La décomposition d'un électrolyte par le passage du courant porte le nom d'*électrolyse.*

1. C'est ainsi que le verre (silicate double de calcium et de sodium) laisse passer le courant en se décomposant lorsqu'il est chauffé vers 300°.

34. Faits fondamentaux de l'électrolyse. — Pour simplifier l'examen des phénomènes, éliminons tout d'abord l'action possible du dissolvant et électrolysons un sel fondu, du chlorure de sodium, par exemple. On constate que le chlore provenant de la décomposition se dégage au pôle positif et que le sodium est mis en liberté au pôle négatif.

Électrolysons maintenant une dissolution de chlorure de sodium dans l'eau. Le chlore se dégage encore autour du pôle positif, mais autour du pôle négatif il se forme de la soude caustique avec un dégagement d'hydrogène. Nous sommes tout naturellement conduits à penser qu'ici également du sodium a été mis en liberté au pôle négatif, mais qu'il a réagi sur l'eau d'après la réaction :

$$Na + H^2O = NaOH + H^{2\prime}.$$

Dans cette expérience, c'est le corps dissous et non le dissolvant qui a été décomposé par l'électrolyse. Nous verrons bientôt que *ce fait est général*[1].

Des expériences analogues à celles qui précèdent, répétées sur d'autres corps fondus ou dissous nous conduiraient d'autre part à la loi qualitative suivante :

Dans toute électrolyse, le métal est libéré au pôle négatif, le métalloïde ou le groupement métalloïdique est libéré au pôle positif.

Lorsque le corps électrolysé est un acide et que par suite il ne renferme pas de métal, c'est l'hydrogène qui est mis en liberté au pôle négatif.

Enfin, un autre fait important à constater est qu'*aucun phénomène apparent ne se produit entre les électrodes.*

---

1. Mais le phénomène contraire peut quelquefois se produire.

L'électrode positive est dite *anode*, l'électrode négative, *cathode* et le récipient dans lequel on effectue l'électrolyse prend ordinairement le nom de *voltamètre*.

35. IONISATION. THÉORIE D'ARRHÉNIUS. — Considérons un électrolyte constitué par une dissolution. D'après la définition même des électrolytes, cette dissolution est conductrice. Or, l'expérience montre que les liquides purs ne laissent pas passer le courant et en règle générale, le corps dissous lui non plus n'est pas conducteur lorsqu'il est anhydre. On est donc conduit à penser que soit le dissolvant, soit le corps dissous, soit l'un et l'autre, possèdent lorsqu'ils sont réunis une constitution différente de celle qu'ils ont lorsqu'ils restent isolés.

Or, pendant une électrolyse, seul le corps dissous est décomposé par le courant tandis qu'en principe le dissolvant reste intact. Cela tendrait déjà à faire penser que c'est le corps dissous qui a subi une modification dans sa constitution. Cette manière de voir reçoit une confirmation[1] remarquable des mesures cryoscopiques, ébullioscopiques, tonométriques ou de pression osmotique effectuées sur les électrolytes.

Nous avons vu au chapitre de la physicochimie que les lois de Raoult et de Van't Hoff n'étaient pas applicables à celles des dissolutions qui sont des électrolytes. Ces dissolutions se comportent alors comme si elles renfermaient un nombre de molécules de substance dissoute plus grand que celui qu'indique leur titre.

Arrhénius expliqua ce fait en admettant que lorsqu'on dissout un corps de constitution saline (sel, acide ou

---

1. Cette confirmation est très nette quant à la modification subie par le corps dissous, mais elle est insuffisante pour ce qui concerne le dissolvant. Il est probable qu'en réalité ce dernier est aussi modifié, mais de façon moins profonde.

base) dans un liquide convenable, *un certain nombre de molécules de ce corps sont antérieurement à toute action électrique extérieure* et sous la seule influence du dissolvant, décomposés en éléments appelés *ions*, ces ions étant constitués par des atomes ou par des groupements d'atomes jouant dans les phénomènes de physicochimie le même rôle que des molécules.

Pour expliquer les phénomènes d'électrolyse, Arrhénius admit en outre qu'antérieurement à toute action électrique extérieure, les ions portent des charges électriques positives ou négatives s'équilibrant de telle façon que la dissolution ne présente aucune électrisation apparente. Supposons qu'on plonge dans cette dissolution deux électrodes chargées l'une positivement et l'autre négativement. Les ions chargés positivement vont être attirés par l'électrode négative, et les ions chargés négativement, par l'électrode positive. En arrivant au contact des électrodes, ces ions perdront leur charge. L'équilibre attractif entre ions sera par suite rompu et les ions déchargés n'étant plus retenus seront mis en liberté. Mais en même temps qu'ils perdent leur charge, ces ions neutralisent celles des électrodes : pour maintenir constante la différence de potentiel, il faudra donc alimenter en électricité ; le circuit extérieur réunissant les deux électrodes et dans lequel on placera une source électrique sera alors parcouru par un courant. On voit d'après ce qui précède que la conductibilité de l'électrolyte résulte d'un phénomène de convection[1].

Nous avons dit que les ions étaient constitués par des atomes ou des groupements d'atomes électrisés. Puisque

---

1. Nous verrons au chapitre de la migration des ions que cette convection se produit non seulement au voisinage des électrodes mais dans tout l'électrolyte.

les métaux se rendent au pôle négatif, c'est que les ions métalliques sont chargés positivement. Pour la raison analogue, les ions métalloïdiques seront chargés négativement.

Les ions chargés positivement sont appelés *ions électropositifs* ou encore *cations* parce qu'ils se rendent à la cathode. Les ions chargés négativement sont appelés *ions électronégatifs* ou *anions*.

La dissociation sous l'action du dissolvant d'*un certain nombre* de molécules de la substance dissoute en ions est en tous points comparable aux décompositions limitées que nous avons étudiées au chapitre de la statique chimique.

Ainsi dans le cas d'une dissolution de chlorure de sodium, chaque molécule dissociée donnera deux ions et l'on aura la représentation symbolique :

$$NaCl \rightleftarrows \overset{+}{Na} + \overset{-}{Cl}.$$

De même, l'acide chlorhydrique, le chlorure d'ammonium, l'azotate de potassium, la soude caustique donneront :

$$HCl \rightleftarrows \overset{+}{H} + \overset{-}{Cl}$$

$$AzH^4Cl \rightleftarrows \overset{+}{AzH^4} + \overset{-}{Cl}$$

$$AzO^3K \rightleftarrows \overset{-}{AzO^3} + \overset{+}{K}$$

$$NaOH \rightleftarrows \overset{+}{Na} + \overset{-}{OH}$$

Nous verrons plus loin que la charge des ions peut être calculée. Pour l'instant, nous nous contenterons de dire qu'un ion porte un nombre de charges égal à sa valence. Ainsi, les ions SO^4 et Zn étant bivalents porteront chacun deux charges et la décomposition par-

tielle du sulfate de zinc sous l'action de l'eau se repré-
sentera par :

$$SO^4Zn \rightleftharpoons \overset{--}{SO^4} + \overset{++}{Zn}.$$

Le nombre d'ions pourra être supérieur à deux. Ainsi
le sulfate de sodium, l'hydrate de calcium, l'acide phos-
phorique, le chlorure d'or donneront :

$$SO^4Na^2 \rightleftharpoons \overset{--}{SO^4} + \overset{+}{Na} + \overset{+}{Na}$$
$$Ca(OH)^2 \rightleftharpoons \overset{++}{Ca} + \overset{-}{OH} + \overset{-}{OH}$$
$$PO^4H^3 \rightleftharpoons \overset{---}{PO^4} + \overset{+}{H} + \overset{+}{H} + \overset{+}{H}$$
$$AuCl^3 \rightleftharpoons \overset{+++}{Au} + \overset{-}{Cl} + \overset{-}{Cl} + \overset{-}{Cl}.$$

Les lois de la statique chimique seront applicables
aux équilibres de l'ionisation.

Remarque I. — On peut s'étonner de ce que certains
corps qui normalement réagissent sur l'eau, le sodium
par exemple, ne le fassent pas lorsqu'ils sont à l'état
d'ions. Il est naturel d'admettre que ces corps sont en
quelque sorte immunisés par la charge électrique qu'ils
portent. Ils constituent alors ce qu'on appelle quelquefois des *isomères électrochimiques* des atomes correspondants.

Le fait que certains groupements qui n'existent pas à
l'état libre, SO^4 par exemple, puissent exister à l'état
d'ions s'expliquera de façon analogue.

Mais lorsque ces ions perdent leur charge au contact
des électrodes, ils reprennent immédiatement leurs propriétés chimiques ordinaires. Ainsi l'ion $\overset{+}{Na}$ redevenu
l'atome Na réagira sur l'eau. De même l'ion $\overset{--}{SO^4}$ redevenu le groupement SO^4 se décomposera (sauf dans le
cas de certaines réactions secondaires).

Remarque II. — On peut encore se demander pour quelle raison les corps libérés aux deux électrodes sont toujours en quantités correspondantes, par exemple pourquoi lorsqu'on électrolyse du chlorure de sodium le nombre d'ions $\overline{Cl}$ libérés à l'anode est égal au nombre d'ions $\overset{+}{Na}$ libérés à la cathode.

Ce fait s'explique très simplement par des considérations électrostatiques : si un ion $\overline{Cl}$ venait à être libéré sans qu'il en soit simultanément de même d'un ion $\overset{+}{Na}$, l'électrolyte présenterait une électrisation positive par suite de la perte d'une certaine quantité d'électricité négative. Cette électrisation positive aurait non seulement pour effet de retenir les autres ions $\overline{Cl}$ et de les empêcher de se déposer sur l'anode, mais aussi de provoquer la séparation d'un ion $\overset{+}{Na}$. On conçoit donc aisément que les corps libérés aux deux électrodes soient toujours en quantités correspondantes.

36. Coefficient de dissociation. — Dissolvons dans une certaine quantité de liquide N molécules d'un corps susceptible de s'ioniser.

Soit α un coefficient tel que $N\alpha$ des molécules précédentes soient dissociées. On a évidemment :

$$\alpha \leqslant 1.$$

Ce coefficient α qui exprime le rapport du nombre de molécules dissociées au nombre total des molécules dissoutes est appelé *coefficient de dissociation*.

Le nombre des molécules non dissociées (ou molécules neutres) sera :

$$N - N\alpha.$$

Supposons que chaque molécule dissociée donne

q ions (q est ordinairement appelé *indice de dislocation*). Le nombre d'ions présents dans la solution sera :

$$N\alpha q.$$

Enfin, le nombre total d'éléments autonomes (molécules neutres et ions), sera d'après ce qui précède :

$$N - N\alpha + N\alpha q = N\left[1 + (q - 1)\alpha\right].$$

Puisque les ions jouent dans les phénomènes de physicochimie le même rôle que des molécules, c'est par le facteur

$$1 + (q - 1)\,\alpha$$

qu'il faudrait multiplier le nombre de molécules dissoutes indiqué par le titre d'un électrolyte, pour que les lois de Raoult et de Van't Hoff lui soient applicables. D'après ces hypothèses, on aperçoit immédiatement que le calcul de α sera possible au moyen d'une mesure physicochimique.

Ainsi dans la formule de la cryoscopie (n° 18) :

$$\Delta = A\,\frac{p}{PM} \qquad (12)$$

Supposons que p soit exprimé en grammes. Le quotient $\frac{p}{M}$ de ce poids de la substance dissoute par le poids moléculaire de cette substance représente alors évidemment le nombre de molécules-grammes en dissolution. $\frac{p}{M}$ est par suite proportionnel au nombre N de molécules réelles dissoutes et puisque à cause de la dissociation électrolytique ce nombre N doit être multiplié par $1 + (q - 1)\alpha$ pour que la loi de Raoult soit applicable à l'électrolyte, il devra en être de même de $\frac{p}{M}$. La formule (12) devient alors :

$$\Delta = A\,\frac{p}{PM}\left[1 + (q - 1)\alpha\right] \qquad (13)$$

Si le poids moléculaire M de la substance dissoute est connu, α est alors la seule inconnue de l'équation (13) et par suite peut être calculé.

Les formules de l'ébullioscopie, de la tonométrie et de la pression osmotique seraient modifiées de façon analogue.

Nous verrons au chapitre de la conductibilité des électrolytes que la comparaison de deux grandeurs appelées conductivité moléculaire et conductivité moléculaire limite, fournit une valeur du coefficient de dissociation α, qui coïncide en général avec celle qu'on déduit des mesures physicochimiques, ce qui constitue une remarquable confirmation de la théorie d'Arrhénius. Les différences constatées s'expliquent facilement par l'hypothèse de divers phénomènes secondaires.

37. Quelques autres faits confirmant la théorie des ions. — 1° **Chaleurs de dissociation**. — Lorsqu'on étend la dissolution d'un composé ionisable, l'ionisation de ce composé augmente[1] et ne tarde pas à devenir pratiquement complète, c'est-à-dire qu'alors presque toutes les molécules du corps sont dissociées en ions. Des déterminations successives du coefficient α permettent d'ailleurs de suivre la modification. Or cette modification est accompagnée d'un dégagement ou d'une absorption calorifique et l'on appelle *chaleur de dissociation* la quantité de chaleur dégagée ou absorbée par le composé passant de l'état dissous non ionisé à l'état d'ionisation complète.

Ce phénomène calorifique est l'indice évident d'une transformation moléculaire.

---

1. D'après la théorie des équilibres chimiques. Il suffit pour se rendre compte du fait ci-dessus d'appliquer la loi de modération (voir n° 31), en remplaçant la pression ordinaire par la pression osmotique.

Remarque. — Le sens dans lequel les variations de température modifient le degré d'ionisation se déduira facilement de la loi de modération (voir n° 31). Ainsi :

a) Quand la dissociation est accompagnée d'un dégagement de chaleur, toute élévation de température détermine une diminution du coefficient α.

b) Quand la dissociation est accompagnée d'une absorption de chaleur, toute élévation de température détermine une augmentation de ce coefficient.

2° Chaleurs de neutralisation des acides par les bases. — On a constaté qu'en solution très étendue la chaleur dégagée par la combinaison d'un équivalent-gramme[1] d'un acide fort avec un équivalent-gramme d'une base forte était ordinairement voisine de 13°,7.

Ce fait s'explique de la façon suivante : lorsque des corps ionisables sont en solution, leurs réactions sont des réactions d'ions. Considérons alors dans une solution très étendue un équivalent-gramme d'acide chlorhydrique par exemple, se combinant avec un équivalent-gramme de soude caustique. Nous aurons la réaction entre ions :

$$\overset{+}{H} + \overset{-}{Cl} + \overset{+}{Na} + \overset{-}{OH} = \overset{+}{Na} + \overset{-}{Cl} + H^2O.$$

Il se formera une molécule-gramme d'eau et l'on voit que la quantité de chaleur 13°,7 n'est autre que la chaleur de combinaison de l'ion-gramme $\overset{+}{H}$ avec l'ion-gramme $\overset{-}{OH}$. On s'explique alors que tout au moins en principe et à condition que le sel formé soit soluble, c'est-à-dire ionisable, cette quantité de chaleur dégagée

---

1. Voir au chapitre suivant (lois de Faraday) la définition de l'équivalent-gramme d'un composé.

soit indépendante de l'acide et de la base qui réagissent puisque la réaction se réduit toujours à la combinaison des ions $\overset{+}{H}$ et $\overset{-}{OH}$.

3° Existence de propriétés communes à tous les acides. — Toutes les solutions des acides sont neutralisables par les bases. Presque toutes rougissent la teinture de tournesol, l'hélianthine, décolorent la phtaléine du phénol qu'on a fait virer au rouge violacé au moyen d'une base, décomposent certains sels comme les carbonates, attaquent un grand nombre de métaux, etc.

Cette communauté de propriétés s'explique facilement si l'on remarque que tous les acides en solution contiennent des ions $\overset{+}{H}$.

On peut dire alors :

Les propriétés communes à tous les acides dérivent des propriétés de l'ion $\overset{+}{H}$ [1].

4° Existence de propriétés communes à toutes les bases. — Toutes les solutions des bases neutralisent les acides. Presque toutes ramènent au bleu la teinture de tournesol, au jaune l'hélianthine, font virer la phtaléine du phénol au rouge violacé, etc.

Cette communauté de propriétés s'explique facilement si l'on remarque que toutes les bases en solution contiennent des ions $\overset{-}{OH}$.

On peut dire alors :

Les propriétés communes à toutes les bases dérivent des propriétés de l'ion $\overset{-}{OH}$.

---

1. Il est intéressant de remarquer que les acides parfaitement privés d'eau n'ont pas d'action sur les réactifs colorés.

5° Force des acides et des bases. — La détermination du coefficient de dissociation α pour des solutions aqueuses de différents acides ou bases prises dans des conditions identiques montre que les acides ou les bases forts sont beaucoup plus ionisés que les acides ou les bases faibles.

Ainsi, alors qu'en solution aqueuse uni-équivalente[1] le coefficient de dissociation des acides azotique et chlorhydrique est égal à $\frac{93}{100}$, celui de l'acide borique n'est dans les mêmes conditions que $\frac{13}{100.000}$.

L'influence du degré d'ionisation sur la force d'un acide ou d'une base s'explique facilement d'après ce qui précède puisque si l'acide ou la base est très ionisé, il y aura beaucoup d'ions $\overset{+}{H}$ ou $\overline{OH}$ dans la solution.

Cependant, le degré d'ionisation ne fait certainement connaître qu'une des faces de la question. Ainsi le coefficient de dissociation de l'acide sulfurique en solution aqueuse uni-équivalente n'est que $\frac{62}{100}$.

6° Disparition des caractères analytiques d'un corps lorsqu'il fait partie de certaines combinaisons. — Considérons deux solutions l'une de sulfate de fer, l'autre de ferrocyanure de potassium. Seule, la première solution présente les caractères analytiques des sels de fer. Ce fait s'explique très simplement si l'on admet que dans la seconde solution, le fer fait partie d'un ion complexe, d'après la dissociation :

$$Fe(CAz)^6K^4 \rightleftharpoons \overline{Fe(CAz)^6} + \overset{+}{K} + \overset{+}{K} + \overset{+}{K} + \overset{+}{K}.$$

les propriétés de cet ion complexe $\overline{Fe(CAz)^6}$ étant natu-

---

1. Solution renfermant un équivalent-gramme de substance dissoute par litre.

rellement différentes de celles de l'ion $\overset{++}{Fe}$ (sels ferreux) ou de celles de l'ion $\overset{+++}{Fe}$ (sels ferriques).

On expliquerait de la même façon le fait que les ferrocyanures et les ferricyanures ne sont pas vénéneux alors que les cyanures sont très toxiques.

7° Lois de Berthollet relatives aux solutions. — Mélangeons une solution d'azotate d'argent avec une solution de chlorure de sodium. On a la réaction entre ions :

$$\overset{-}{AzO^3} + \overset{+}{Ag} + \overset{+}{Na} + \overset{-}{Cl} = \overset{-}{AzO^3} + \overset{+}{Na} + AgCl$$

On voit que la seule modification est la formation d'un précipité de chlorure d'argent. Si ce corps était soluble, il resterait à l'état d'ions et le système ne subirait aucune transformation ; en d'autres termes, la réaction serait nulle. Donc, lorsqu'on mélange des solutions, il n'y aura en général modification et par suite travail chimique que s'il se forme un composé insoluble ou encore un composé volatil. D'après le principe du travail maximum, on conçoit que ces réactions tendent le plus souvent à se produire et l'on voit que la vérification fréquente des lois de Berthollet n'est pas un pur effet du hasard.

8° Coloration des solutions. — Considérons par exemple les solutions de tous les sels de cuivre. La grande majorité de ces solutions sont bleues. Cela s'explique très facilement si l'on remarque que toutes ces solutions renferment l'ion $\overset{++}{Cu}$ (ou $\overset{+}{Cu}$ dans les sels cuivreux). Cette explication est d'ailleurs confirmée par les observations suivantes :

Les sels de cuivre complètement anhydres n'ont presque jamais la coloration bleue. Ainsi le sulfate de cuivre complètement privé d'eau est blanc. La coloration bleue n'existe pas non plus pour la plupart des solutions dans lesquelles le cuivre est engagé dans un ion complexe. Enfin la coloration des solutions des sels de cuivre varie quelquefois avec la concentration. Ainsi une solution de chlorure cuivrique est verte lorsqu'elle est très concentrée et devient bleue à mesure qu'on l'étend, parce qu'alors l'ionisation augmente.

Lorsqu'une solution étendue d'un sel de cuivre n'est pas bleue, c'est en général parce que l'ion ou les autres ions de la molécule saline apportent eux aussi une coloration propre.

On observerait des phénomènes analogues sur d'autres sels que les sels de cuivre.

De ce qui précède, on peut tirer la conclusion suivante :

La coloration d'une solution saline est en général produite par les ions qu'elle renferme.

Remarque. — Cette coloration subsiste souvent dans un sel solide à cause de son eau de cristallisation.

9° Spectres. — On a constaté que certains électrolytes présentent à l'examen spectroscopique des raies particulières qui paraissent caractéristiques de leurs ions, et qui font défaut lorsque la substance examinée n'est pas ionisée.

38. HYDROLYSE. — A la dissociation électrolytique se rattache le phénomène appelé hydrolyse. Ce phénomène, dont nous n'exposerons pas la théorie, est une double décomposition limitée se produisant entre certains sels et l'eau et donnant naissance à l'acide et à la base du sel dissous, *cet acide et cette base étant inégalement dissociés*.

On a donc le schéma général :

$$\text{sel} + \text{eau} \rightleftarrows \text{acide} + \text{base}$$

tous les corps de cette réaction (y compris l'eau)[1] étant partiellement dissociés.

De la condition imprimée ci-dessus en italique, résulte le fait que *la réaction de la liqueur devient soit acide soit alcaline*, suivant que ce sont les ions $\overset{+}{\text{H}}$ ou les ions $\overline{\text{OH}}$ qui dominent.

Ainsi, c'est de l'hydrolyse que provient la réaction acide que présentent certains sels neutres (le sulfate d'aluminium par exemple) en solution aqueuse.

En règle générale, l'hydrolyse affecte les sels qui dérivent d'un acide ou d'une base faible ; elle augmente avec la dilution.

---

1. L'eau est toujours *très faiblement* dissociée en ions $\overset{+}{\text{H}}$ et $\overline{\text{OH}}$.

CHAPITRE II

LOIS DE FARADAY

39. — La théorie d'Arrhénius nous a montré que la conductibilité d'un électrolyte résultait d'une convection matérielle. Il est donc naturel de penser que la quantité de matière mise en liberté aux électrodes est proportionnelle à la quantité d'électricité neutralisée ou ce qui revient au même à la quantité d'électricité qui traverse le circuit [1]. C'est précisément ce qu'expriment les lois de Faraday.

Première Loi. — *Le poids d'électrolyte [2] décomposé par un courant est proportionnel à la quantité d'électricité qui a traversé cet électrolyte.*

Deuxième Loi. — Désignons par :

M la molécule-gramme de la substance dissoute.

n le nombre total de valences qui dans une molécule de cette substance unissent l'ion ou les ions électropositifs à l'ion ou aux ions électronégatifs.

1. Nous verrons au chapitre de la migration des ions que, comme le circuit extérieur, l'électrolyte est le siège d'un transport d'électricité et que le courant dans l'électrolyte est le même que dans le circuit extérieur,

2. Rappelons qu'en principe la substance dissoute seule est décomposée par le courant.

δ_1 le poids d'électrolyte décomposé par le passage de 1 coulomb (δ_1 étant exprimé en grammes).

Entre ces différentes grandeurs, on a la relation :

$$\delta_1 = \frac{1}{96\,570} \times \frac{M}{n}.$$

40. Remarques diverses.

I. — Des deux lois qui précèdent, on déduit immédiatement que le poids δ d'électrolyte décomposé par le passage de m coulombs est donné par la formule :

$$\delta = \frac{1}{96\,570} \times \frac{M}{n} \times m. \tag{14}$$

II. — La quantité $\frac{M}{n}$ est ordinairement appelée *équivalent-gramme* du composé et la quantité $\frac{1}{96\,570} \times \frac{M}{n}$ *équivalent électrochimique* de ce composé.

III. — Le poids de métal déposé se déduirait facilement du poids d'électrolyte décomposé. Mais on peut encore l'obtenir directement. En effet, désignons par ϖ le poids de métal contenu dans une molécule-gramme du composé salin, par δ' le poids de métal déposé et par n et m les mêmes grandeurs que précédemment. On a évidemment :

$$\delta' = \frac{1}{96\,570} \times \frac{\varpi}{n} \times m \tag{15}$$

IV. — Désignons par α l'atome-gramme du métal et par v sa valence *dans le composé considéré*. On a :

$$\frac{\varpi}{n} = \frac{\alpha}{v}$$

La formule précédente peut donc s'écrire :

$$\delta' = \frac{1}{96\,570} \times \frac{\alpha}{v} \times m \tag{16}$$

La quantité $\frac{a}{v}$ est ordinairement appelée *équivalent-gramme* du métal et la quantité $\frac{1}{96\,570} \times \frac{a}{v}$ *équivalent électrochimique* de ce métal.

V. — Il est facile de trouver une signification physique au nombre $\frac{1}{96\,570}$. En effet, dans un voltamètre à hydrogène, faisons passer une quantité d'électricité égale à 1 coulomb. Pour l'hydrogène, on a : $a = 1$ et $v = 1$. Par suite, le poids en grammes de l'hydrogène dégagé sera d'après la formule (16) :

$$\delta' = \frac{1}{96\,570} \; .$$

Le nombre $\frac{1}{96\,570}$ représente donc le poids d'hydrogène mis en liberté par le passage de 1 coulomb.

VI. — La quantité d'électricité :

$$96\,570 \text{ coulombs}$$

est ordinairement appelée *faraday* et on la représente habituellement par la lettre F.

Dans les formules (14) et (16), faisons $m = \mathrm{F} = 96\,570$. Ces formules deviennent respectivement :

$$\delta = \frac{M}{n} \quad \text{et} \quad \delta' = \frac{a}{v} \; .$$

Le faraday est donc la quantité d'électricité qui décompose un équivalent-gramme d'un électrolyte quelconque ou encore la quantité d'électricité qui met en liberté un équivalent-gramme d'un métal quelconque (et par suite 1 gramme d'hydrogène).

VII. — D'après la théorie d'Arrhénius, l'électricité amenée par les électrodes est neutralisée par les ions qui se déposent. Si un équivalent-gramme de métal neutralise 96\,570 coulombs d'électricité négative, c'est qu'il est lui-même porteur de 96 570 coulombs d'électricité positive. La charge de l'ion-gramme se calculera alors immédiatement. Par exemple, soit un ion $\overset{++}{Cu}$ provenant d'un sel cuivrique :

$$SO^4Cu \rightleftarrows \overset{--}{SO^4} + \overset{++}{Cu}$$

L'équivalent-gramme $\dfrac{Cu}{2} = \dfrac{63,6\,gr.}{2}$ étant porteur de 96 570 coulombs positifs, l'ion-gramme $Cu = 63,6$ gr. sera évidemment porteur de $2 \times 96\,570$ coulombs positifs.

C'est ce qu'on exprime en disant que l'ion $\overset{++}{Cu}$ est porteur de deux charges et en le surmontant de deux signes $+$.

La charge des ions-grammes métalloïdiques se calculerait de la même manière que celle des ions-grammes métalliques.

Enfin, on voit immédiatement que le nombre de charges portées par un ion quelconque est égal à la valence de cet ion.

VIII. — Il résulte évidemment des lois de Faraday que pour une quantité d'électricité donnée traversant un voltamètre le poids d'électrolyte décomposé est complètement indépendant des dimensions de ce voltamètre.

41. — EXEMPLE D'APPLICATION DES LOIS DE FARADAY. — Un voltamètre contenant une dissolution de sulfate ferrique est traversé pendant une minute par un courant de 50 ampères. On demande le poids de sulfate ferrique décomposé et le poids de fer mis en liberté.

On a : $\qquad$ S $= 32 \qquad$ O $= 16 \qquad$ Fe $= 56$.

La formule développée du sulfate ferrique $(SO^4)^3Fe^2$ est :

$$\begin{array}{c} SO^4 \\ SO^4 \\ SO^4 \end{array}\!\!\!\!\!\! \begin{array}{c} {\Large\rangle} Fe \\ {\Large\rangle} Fe \end{array}$$

D'autre part, un courant de 50 ampères passant pendant soixante secondes fournit une quantité d'électricité égale à :

$$50 \times 60 = 3\,000 \text{ coulombs.}$$

Le poids en grammes du sulfate ferrique décomposé sera alors d'après la formule (14) :

$$\delta = \frac{1}{96\,570} \times \frac{3 \times (32 + 4 \times 16) + 2 \times 56}{6} \times 3\,000.$$

Le poids de fer déposé pourrait se déduire immédiatement de δ. Mais on aura encore d'après la formule (15) :

$$\delta' = \frac{1}{96\,570} \times \frac{2 \times 56}{6} \times 3\,000$$

ou d'après la formule (16) :

$$\delta' = \frac{1}{96\,570} \times \frac{56}{3} \times 3\,000.$$

42. AMPÈRE INTERNATIONAL. — L'expérience vérifie les lois de Faraday avec une précision assez rarement atteinte par les autres lois physiques. Aussi, on a songé à utiliser la décomposition électrolytique pour la définition de l'unité d'intensité de courant.

On appelle *ampère international* l'intensité d'un courant constant qui traversant un voltamètre à azotate d'argent met en liberté 0,001118 gr. d'argent par seconde.

Remarque. — Dans la pratique, on remplace souvent le voltamètre à azotate d'argent par un voltamètre à sulfate de cuivre, parce que le dépôt de cuivre, assez adhérent, peut être plus facilement lavé sans perte de métal.

Enfin, lorsqu'on ne dispose pas d'une balance de précision, on peut encore recueillir dans une éprouvette graduée l'hydrogène obtenu par l'électrolyse d'une solution aqueuse d'acide sulfurique ou de soude caustique et calculer le poids de cet hydrogène.

Pour éviter les erreurs qui peuvent résulter de certains phénomènes accessoires, les électrolyses qui précèdent sont toujours effectuées dans des conditions invariables et bien déterminées.

CHAPITRE III

RÉACTIONS SECONDAIRES

43. — Nous avons vu à la remarque I du n° 35 que les ions sont en quelque sorte protégés contre toute action chimique par la charge électrique qu'ils portent, mais qu'après avoir perdu cette charge au contact des électrodes ils reprenaient immédiatement leurs propriétés chimiques ordinaires. Deux cas généraux pourront alors se présenter :

1° L'ion libéré peut exister à l'état libre.

Dans ce cas les éventualités principales à envisager seront les suivantes :

a) L'ion libéré réagit sur l'électrode :

b) Il réagit sur le dissolvant ;

c) L'ion considéré réagit sur des ions de nature différente libérés en même temps que lui à la même électrode ;

d) Il réagit sur des corps provenant de réactions secondaires antérieures (lesquelles ont pu se produire dans une région quelconque du voltamètre);

e) L'ion considéré ne subit pas d'action chimique, c'est-à-dire qu'il ne donne lieu à aucune réaction secondaire.

2° L'ion libéré ne peut pas exister à l'état libre.

Les éventualités suivantes seront alors à envisager :

a) Au moment même où il perd sa charge et sans s'être décomposé, l'ion réagit sur l'électrode, sur le dissolvant, sur des ions de nature différente libérés en même temps que lui à la même électrode, sur des ions identiques à lui-même libérés simultanément à cette électrode, ou enfin sur des corps provenant de réactions secondaires antérieures.

b) L'ion libéré se décompose en corps simples ou composés qui pourront eux-mêmes entrer ou non en combinaison.

Nous ne suivrons pas l'ordre précédent pour l'étude des réactions secondaires et nous nous bornerons à donner quelques exemples particulièrement importants qui permettront de prévoir par analogie les réactions qui se produisent dans les divers cas usuels.

A. **Électrolyse d'un acide**. — Electrolysons par exemple une solution étendue d'acide sulfurique dans l'eau en employant des électrodes inattaquables.

Sous la seule action du dissolvant et antérieurement à toute action électrique extérieure, on a l'ionisation partielle :

$$SO^4H^2 \rightleftarrows \overline{\overline{SO^4}} + \overset{+}{H} + \overset{+}{H}.$$

Si l'on ferme le circuit, les ions $\overset{+}{H}$ se portent vers la cathode au contact de laquelle ils perdent leur charge et l'hydrogène se dégage.

L'ion $\overline{\overline{SO^4}}$ est mis en liberté à l'anode. Mais comme il ne peut pas exister à l'état libre, il se décompose d'après la réaction :

$$SO^4 = SO^3 + O$$

et l'oxygène se dégage au pôle positif.

Quant à l'anhydride sulfurique ainsi produit, il réagit sur l'eau. On a :

$$SO^3 + H^2O = SO^4H^2$$

et l'acide sulfurique est régénéré. D'autre part, on voit qu'il se dégage deux volumes d'hydrogène pour un volume d'oxygène. Tout se passe donc comme si l'eau avait été décomposée.

Remarque. — Au moyen d'une cloison poreuse, divisons le voltamètre en deux compartiments, l'un contenant l'anode et l'autre la cathode. Nous avons vu que c'était autour de l'anode que l'acide sulfurique était régénéré. On constate en effet que la concentration en acide va en croissant dans le compartiment anodique, ce qui *paraît* confirmer la théorie exposée[1].

B. **Électrolyse d'une base**. — Prenons comme exemple l'électrolyse d'une solution aqueuse de soude caustique avec emploi d'électrodes inattaquables.

Sous l'action du dissolvant, on a d'abord l'ionisation partielle :

$$NaOH \rightleftarrows \overset{+}{Na} + \overset{-}{OH}.$$

Lorsqu'on ferme le circuit, les ions $\overset{+}{Na}$ se portent vers la cathode au contact de laquelle ils perdent leur charge. Le sodium reprend alors ses propriétés chimiques ordinaires et réagit sur l'eau. On a :

$$Na + H^2O = NaOH + H \qquad (17)$$

---

1. Dans ces dernières années, on a admis de nouveau que la décomposition primaire de l'eau pouvait se produire et l'on verrait sans difficulté que cette hypothèse peut, elle aussi, être conciliée avec le fait expérimental indiqué ci-dessus.

De l'hydrogène se dégage et la soude caustique est régénérée.

A l'anode, les ions OH libérés ne peuvent pas exister à l'état libre. Mais au moment même où ils perdent leur charge, ils se combinent par paires d'après la réaction :

$$OH + OH = H^2O + O$$

et l'oxygène se dégage.

Il est à remarquer que dans cette réaction interviennent deux ions OH, tandis que dans la réaction (17) nous n'avions fait entrer qu'un seul ion Na. Cette réaction (17) devrait donc être doublée pour qu'il y ait correspondance des quantités de matière et par suite, le volume d'hydrogène dégagé dans l'électrolyse est double du volume d'oxygène. Tout se passe donc encore ici comme si l'eau avait été décomposée [1].

C. **Électrolyse d'un sel avec réactions secondaires simples.** — Effectuons par exemple l'électrolyse d'une solution aqueuse d'azotate de potassium en employant des électrodes inattaquables.

Sous l'action du dissolvant, on a d'abord l'ionisation partielle :

$$AzO^3K \rightleftarrows \overset{-}{AzO^3} + \overset{+}{K}.$$

Puis, lorsque le courant passe, on a à l'anode :

$$2AzO^3 = Az^2O^5 + O$$
$$Az^2O^5 + H^2O = 2AzO^3H$$

et à la cathode :

$$2\left[K + H^2O = KOH + H\right]$$

1. Même remarque qu'au renvoi précédent.

La quantité d'azotate de potassium contenue dans la solution diminue, la région anodique s'acidifie et la région cathodique devient alcaline.

D. **Électrolyse d'un sel avec emploi d'une anode soluble.** — Électrolysons par exemple une solution aqueuse de sulfate de cuivre en employant une anode en cuivre.

Le cuivre provenant de la décomposition du sulfate se dépose sur la cathode.

Au pôle positif, l'ion SO^4 se combine au cuivre qui constitue l'anode d'après la réaction :

$$SO^4 + Cu = SO^4Cu.$$

et le sulfate de cuivre ainsi produit se dissout dans le bain.

En résumé :

Le poids de l'anode en cuivre diminue ;

La cathode se recouvre d'un poids de cuivre égal à celui qui est perdu par l'anode ;

La quantité de sulfate de cuivre en dissolution dans le bain reste constante.

Donc tout se passe comme si le cuivre avait été transporté par le courant de l'anode à la cathode. Ce fait est utilisé en galvanoplastie et dans la métallurgie électrolytique du cuivre.

Lorsqu'une anode joue un rôle analogue à celui de l'anode en cuivre de l'électrolyse que nous venons de décrire, elle est appelée *anode soluble*.

Il est facile de voir que sauf exceptions une anode soluble sera constituée par un métal plongeant dans une dissolution d'un de ses sels.

E. **Électrolyse d'un sel avec réactions secondaires**

complexes. — Prenons comme exemple l'électrolyse du chlorure de sodium en solution aqueuse.

L'électrolyse produit d'abord un dégagement de chlore à l'anode, tandis qu'à la cathode on a la réaction :

$$Na + H^2O = NaOH + H$$

Mais en réalisant une diffusion convenable de la soude caustique fournie par cette réaction, on peut s'arranger de telle façon que cette soude caustique vienne entourer l'électrode contre laquelle le chlore se dégage. Suivant que l'on opérera à froid ou à chaud, on pourra alors obtenir soit un hypochlorite, soit un chlorate[1].

1. Les réactions de formation de ces corps seront étudiées en détail aux n°° 104 et 105.

CHAPITRE IV

MIGRATION DES IONS

44. RÉPARTITION DE LA PERTE FARADIQUE. — Lorsque les réactions secondaires ne régénèrent pas le corps électrolysé, l'électrolyte s'appauvrit et la perte de substance dissoute résultant alors de l'électrolyse porte le nom de *perte faradique*.

L'expérience montre que la concentration de la région moyenne de l'électrolyte ne change pas (du moins pendant un certain temps) et que la perte faradique se localise dans le voisinage des électrodes. De plus, *dans la majorité des cas*, cette perte se partage inégalement entre les deux régions anodique et cathodique. Ces faits résultent, comme nous allons le montrer dans ce chapitre, d'un phénomène particulier appelé migration des ions.

45. AUTRE FAIT FONDAMENTAL. — Pendant la marche d'une électrolyse, un électrolyte ne présente d'électrisation en aucune de ses parties.

46. EXPÉRIENCE. — Considérons un voltamètre à sulfate de cuivre et à électrodes inattaquables, divisé par une cloison poreuse en deux compartiments dont l'un contient l'anode et l'autre la cathode.

Désignons par :

a le poids de cuivre déposé sur la cathode en un temps quelconque ;

a_1 la perte apparente de cuivre subie pendant le même temps par la partie de l'électrolyte qui est située dans le compartiment cathodique.

L'expérience montre que l'on a :

$$a_1 < a.$$

On conclut de là qu'une certaine quantité du cuivre fourni par l'électrolyte du compartiment cathodique a été remplacée dans ce compartiment par du cuivre provenant du compartiment anodique.

En d'autres termes, il y a eu migration d'un certain nombre d'ions $\overset{++}{Cu}$ d'un compartiment dans l'autre, cette translation d'ions $\overset{++}{Cu}$ étant dirigée vers la cathode.

Le phénomène que nous venons d'observer est général.

47. **Nombres de transports.** — Désignons par :

p le poids de la quantité d'un ion qui passe d'un compartiment dans l'autre (la cloison poreuse étant réelle ou fictive).

p' le poids de la quantité de cet ion qui est libérée dans le même temps.

On appelle *nombre de transport* de l'ion considéré le rapport :

$$\frac{p}{p'}.$$

Ainsi, dans l'exemple précédent, le poids de cuivre qui passait du compartiment anodique dans le compartiment cathodique était évidemment :

$$a - a_1.$$

Le nombre de transport du cuivre *dans les conditions de l'expérience* sera donc :

$$\frac{p}{p'} = \frac{a - a_1}{a}.$$

Nous allons montrer par le théorème du n° 48 que le nombre de transport de l'ion $\overline{SO^4}$ peut se déduire immédiatement du nombre de transport de l'ion $\overset{++}{Cu}$.

Remarque. — Le nombre de transport d'un ion est loin d'être invariable. Il dépend de la combinaison dont cet ion fait partie et nous verrons que les nombres de transport varient en outre avec la concentration et la température de la dissolution.

Les nombres de transport sont indépendants de l'intensité du courant.

48. **Théorème.** — *La somme des nombres de transport de l'anion et du cation d'un même électrolyte est égale à l'unité.*

Nous démontrerons ce théorème en nous servant de l'exemple précédent.

Désignons par K le poids de SO^4 qui dans le sulfate de cuivre est combiné à 1 gramme de cuivre.

La perte de cuivre résultante, subie par l'électrolyte du compartiment cathodique, étant a_1, la perte de SO^4 éprouvée par ce compartiment, c'est-à-dire le poids de SO^4 qui passe dans le compartiment anodique sera Ka_1.

D'autre part, le poids de cuivre libéré à la cathode étant a, le poids de SO^4 libéré à l'anode sera Ka.

Le nombre de transport de SO^4 sera donc :

$$\frac{Ka_1}{Ka} = \frac{a_1}{a}.$$

Or nous avons vu que le nombre de transport du cuivre était :

$$\frac{a - a_1}{a} .$$

Comme :
$$\frac{a_1}{a} + \frac{a - a_1}{a} = 1$$

la somme des deux nombres de transport est bien égale à l'unité. C'est ce qu'il fallait démontrer.

49. Théorie de Hittorf. — Les phénomènes précédents s'expliquent très simplement par la théorie de Hittorf. Voici en quoi consiste cette théorie :

Lorsque les ions se déplacent sous l'action du champ électrique produit par les électrodes, il peut arriver suivant les cas que les vitesses de l'anion et du cation soient égales ou que ces vitesses soient différentes.

Considérons alors un corps dont nous représenterons schématiquement la molécule par :

$\oplus$ étant le cation et $\ominus$ l'anion. Supposons pour simplifier que dans la dissolution ce corps soit complètement ionisé, et représentons l'électrolyte non encore électrolysé par le schéma de la figure 4.

Admettons d'abord que l'électrolyse s'accomplisse sans migration des ions. Si à la fin de cette électrolyse quatre ions par exemple avaient été libérés à chaque électrode, l'électrolyte présenterait la constitution schématique indiquée par la figure 5.

On voit d'abord que l'absence de migration est impossible puisque par suite de la perte en ions électronégatifs, la région anodique présenterait une électrisation positive et que la région cathodique présenterait de même une électrisation négative, ce qui serait en contradiction avec le fait expérimental signalé au n° 45.

La migration des ions doit s'être produite de telle façon que dans toutes les régions de l'électrolyte la

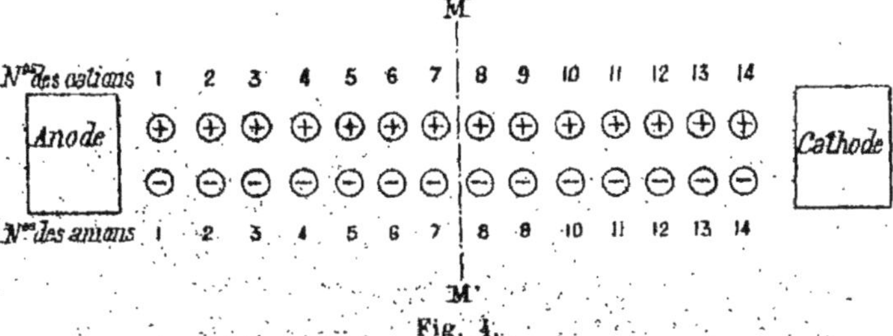

Fig. 4.

somme algébrique des charges des ions soit nulle. Mais cela même peut être réalisé de plusieurs manières.

1° Supposons d'abord que les anions et les cations cheminent avec des vitesses égales. Alors la file d'ions

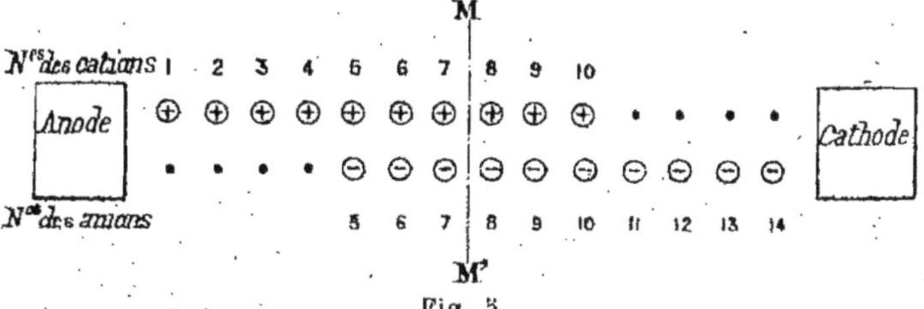

Fig. 5.

électropositifs se sera déplacée de deux rangs vers la cathode et la file d'ions électronégatifs de deux rangs vers l'anode. L'électrolyte présentera par suite la constitution[1] schématisée par la figure 6.

Comme on le voit la concentration de la région moyenne n'a pas changé, la perte faradique s'est loca-

1. Il est essentiel de bien remarquer que par suite de la diffusion il y a toujours des ions dans le voisinage des électrodes, contrairement à ce qu'on pourrait croire d'après le seul examen des figures VI et VII.

lisée dans le voisinage des électrodes et elle s'est partagée également entre les deux régions anodique et cathodique.

2° Supposons maintenant que les anions et les cations

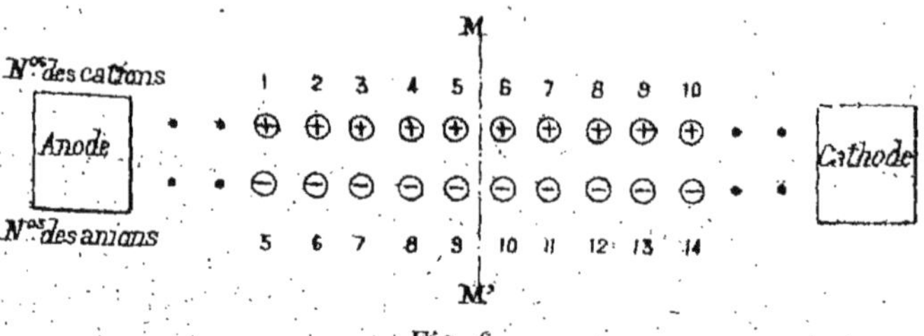

Fig. 6.

cheminent avec des vitesses inégales, et que par exemple la vitesse des ions électronégatifs soit trois fois plus grande que celle des ions électropositifs.

Alors, la file d'ions électronégatifs se sera déplacée

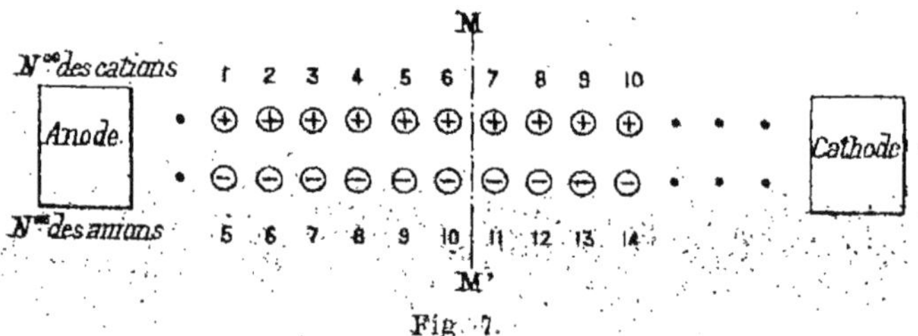

Fig. 7.

de trois rangs vers l'anode, tandis que la file d'ions électropositifs ne se sera déplacée que de un rang vers la cathode. Par suite, l'électrolyte présentera la constitution schématisée par la figure 7.

On voit que la concentration de la région moyenne n'a pas changé, que la perte faradique s'est localisée dans le voisinage des électrodes et que cette perte est plus grande dans la région cathodique que dans la région anodique.

Nous retrouvons donc par cette théorie les différents faits fondamentaux qui ont été indiqués au n° 44.

Perte anodique et perte cathodique évaluées en fonction des vitesses de l'anion et du cation. — Le dernier cas examiné ci-dessus nous montre que *la perte anodique est proportionnelle à la vitesse du cation et la perte cathodique proportionnelle à la vitesse de l'anion.*

Désignons alors par :

f la perte faradique totale ;

fa la perte anodique ;

fc la perte cathodique ;

U la vitesse du cation ;

V la vitesse de l'anion.

On a d'après ce qui précède :

$$\frac{f_a}{f_c} = \frac{U}{V}$$

et d'autre part :

$$f_a + f_c = f.$$

De ces deux équations on déduit :

$$\left. \begin{aligned} f_a &= \frac{fU}{U+V} \\ f_c &= \frac{fV}{U+V} \end{aligned} \right\} \tag{18}$$

et

Relation entre les nombres de transport et la vitesse des ions. — Les nombres de transport sont évidemment proportionnels aux vitesses des ions.

Désignons par :

n_a le nombre de transport de l'anion

et n_c le nombre de transport du cation.

On a :

$$\frac{n_a}{n_c} = \frac{V}{U}$$

et d'après le théorème du n° 48 :

$$n_a + n_c = 1.$$

De ces deux équations, on déduit :

$$n_a = \frac{V}{U+V} \left.\right\}$$
$$\text{et} \qquad n_c = \frac{U}{U+V} \left.\right\} \qquad (19)$$

On exprime ordinairement ces égalités en disant que les nombres de transport sont égaux aux vitesses *relatives* des ions.

Perte anodique et perte cathodique évaluées en fonction des nombres de transport. — Les formules (18) et (19) donnent immédiatement :

$$f_a = f n_c$$
$$\text{et} \qquad f_c = f n_a.$$

Ces dernières relations permettront le calcul réel des pertes anodique et cathodique puisque, comme le montre l'exemple des n°s 46 et 47, les nombres de transport peuvent être déterminés expérimentalement. Ces nombres sont ordinairement donnés par des tables.

Cause de la différence de vitesse des ions. — On admet que cette cause réside dans le fait que lorsque des ions sont de nature différente, le frottement[1] opposé à leur déplacement par la solution n'est généralement pas le même pour chacun d'eux.

L'hypothèse des frottements est d'ailleurs confirmée par la façon dont s'effectue le déplacement : Sous l'action d'un champ électrique constant, les ions prennent

---

1. Cette hypothèse n'implique évidemment pas qu'il y ait contact réel et le mot frottement doit être entendu ici dans le sens général de résistance opposée à la marche des ions, la nature de cette résistance nous étant d'ailleurs inconnue.

non pas un mouvement accéléré mais un mouvement
uniforme ce qui conduit à penser non seulement qu'il y
a frottement, mais même que ce frottement doit être
très considérable.

50. VARIATION DES NOMBRES DE TRANSPORT.

A Influence de la concentration. — En solution concentrée, les nombres de transport varient dans un sens
ou dans l'autre et sans loi générale connue sous l'influence des changements de concentration.

En solution diluée, les nombres de transport prennent des valeurs sensiblement constantes pour une température donnée et varient alors très peu sous l'influence
des modifications de la concentration.

Ces faits s'expliquent facilement par l'hypothèse des
frottements, puisqu'en solution étendue les ions n'exercent guère de friction que contre les molécules du dissolvant, tandis qu'en solution concentrée les frottements exercés contre les molécules du corps dissous
prennent une importance considérable.

B. Influence de la température. — Le seul fait général qui soit actuellement bien connu est le suivant :

Lorsque l'ion considéré est monovalent et composé
d'un seul atome, l'élévation de la température fait
tendre son nombre de transport vers la valeur $\frac{1}{2}$.

51. TRANSPORT ÉLECTRIQUE. — Considérons le plan
MM' (Voir figures 4, 5, 6, et 7) divisant le voltamètre
en deux compartiments. La comparaison des figures 4
et 6 montre que dans le cas où les nombres de transport
sont égaux, 2 ions électropositifs (6 et 7) ont traversé
ce plan de gauche à droite et que 2 ions électronégatifs

(8 et 9) l'ont traversé de droite à gauche, pour 4 ions libérés à chaque électrode.

Soit m la charge d'un ion réel. Au point de vue électrique le passage à travers le plan MM' de :

$2m$ coulombs positifs allant de gauche à droite et de $2m$ coulombs négatifs allant de droite à gauche équivaut au passage à travers ce plan de :

$4m$ coulombs positifs se dirigeant de l'anode vers la cathode.

D'autre part, pendant l'électrolyse ci-dessus, $4m$ coulombs positifs amenés par le circuit extérieur sont neutralisés à l'anode.

On voit donc facilement que *la quantité d'électricité qui traverse le plan MM' est égale à la quantité d'électricité qui traverse pendant le même temps une section quelconque du circuit extérieur*[1].

On arriverait à la même conclusion dans le cas où les nombres de transport sont inégaux. Ainsi la comparaison des figures 4 et 7 montre que

$1 \times m$ coulombs positifs allant de gauche à droite et $3m$ coulombs négatifs allant de droite à gauche ont traversé le plan MM', ce qui au point de vue électrique équivaut bien au passage à travers ce plan de :

$4m$ coulombs positifs se dirigeant de l'anode vers la cathode.

---

1. Rappelons que l'on *convient* de considérer un courant électrique quelconque comme un transport de charges positives.

CHAPITRE V

CONDUCTIBILITÉ DES ÉLECTROLYTES

52. Loi d'Ohm appliquée aux électrolytes. — Désignons par :

E la différence existant entre les potentiels des extrémités d'un conducteur inaltérable, un métal par exemple.

R la résistance de ce conducteur.

I l'intensité du courant qui le parcourt.

On sait que d'après la loi d'Ohm, il existe entre les trois grandeurs ci-dessus la relation :

$$E = RI.$$

L'expérience montre que cette loi n'est pas applicable aux *voltamètres* et que pour ces appareils, la tension aux électrodes n'est pas due uniquement à la résistance ohmique.

La formule précédente devient alors :

$$E = RI + e \tag{20}$$

e étant une grandeur appelée *force contre-électromotrice* et dont nous verrons l'origine au chapitre de la décomposition électrolytique et de la polarisation. Mais nous devons signaler dès maintenant que cette force contre-électromotrice prend naissance uniquement aux surfaces de contact de l'électrolyte avec les électrodes *et non au sein même de cet électrolyte* [1].

Par suite, si l'on considère un tronçon AB d'élec-

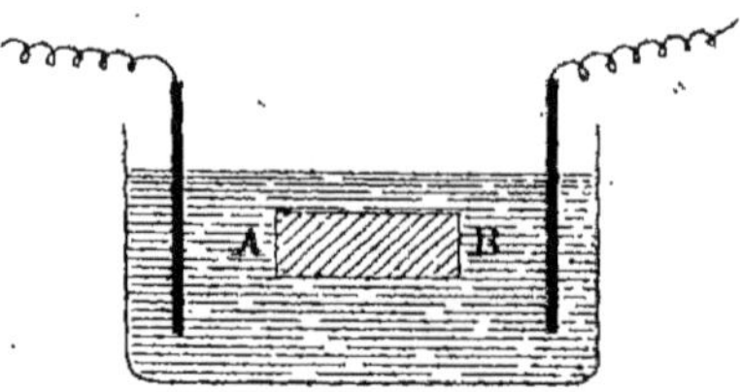

Fig. 8.

trolyte, dont les extrémités ne sont pas en contact avec les électrodes et si l'on désigne par :

E_1 la différence existant entre les potentiels des points A et B;

R_1 la résistance du tronçon;

I_1 l'intensité du courant qui le parcourt;

la loi d'Ohm :

$$E_1 = R_1 I_1$$

sera applicable puisqu'ici il n'y a pas de force contre-électromotrice.

Enfin, la loi d'Ohm s'applique encore à un tronçon d'électrolyte dont les extrémités sont en contact avec les électrodes, mais à condition qu'on admette que la différence de potentiel existant réellement aux extrémités de ce tronçon est égale à :

$$E - e.$$

En effet, la loi d'Ohm donne alors :

$$E - e = RI$$

1. En général, cela n'est pas rigoureusement exact ; mais les forces électromotrices qui peuvent prendre naissance entre deux couches d'un même électrolyte sont ordinairement très faibles.

ou
$$E = RI + e$$

ce qui est précisément la formule (20).

On voit donc en résumé que bien que la loi d'Ohm ne soit pas applicable aux voltamètres elle est applicable aux électrolytes.

Soient :

l la longueur d'un tronçon d'électrolyte ;

s sa section ;

ρ une constante particulière à l'électrolyte considéré et appelée sa *résistivité*.

On a comme pour les conducteurs inaltérables :

$$R = \frac{\rho l}{s} .$$

53. Mesure de la conductibilité des électrolytes. — Les méthodes ordinaires permettant de déterminer la résistance des corps inaltérables par le courant, ne seront pas applicables ici à cause de la polarisation des électrodes et de la force contre-électromotrice qui en résulte[1]. Il faudra donc par un artifice quelconque supprimer cette force contre-électromotrice. C'est ce qui est réalisé par la méthode industrielle de Kohlrausch et par la méthode plus précise de Fuchs et Lippmann.

A. **Méthode de Kohlrausch.** — Le principe de cette méthode consiste à remplacer le courant continu par le courant alternatif. La polarisation est alors annulée, à condition que grâce aux inversions du courant, il n'y ait pas *en fin de compte* de décomposition de l'électrolyte.

1. Ainsi rappelons que la formule classique du pont de Wheastone n'est applicable qu'à condition qu'il n'y ait aucune force électromotrice sur les branches du pont.

Ainsi électrolysons une solution aqueuse de sulfate de cuivre avec des électrodes inattaquables. Pendant l'une des demi-périodes du courant alternatif, du cuivre se dépose sur l'électrode de gauche par exemple. Pendant la demi-période suivante, c'est l'ion SO^4 qui est libéré à cette électrode. SO^4 se combine alors au cuivre qui venait d'être déposé ; on a la réaction :

$$SO^4 + Cu = SO^4Cu$$

et le sulfate de cuivre ainsi régénéré se dissout dans le bain. Les phénomènes qui se produisent à l'autre électrode seront évidemment identiques. On voit qu'en fin de compte il n'y a pas eu de décomposition et que le travail chimique total est nul.

Il est clair, d'après ce qui précède, que pour appliquer la méthode de Kohlrausch, il faudra employer un courant alternatif de forme telle que l'énergie fournie par les demi-périodes positives soit rigoureusement égale à l'énergie fournie par les demi-périodes négatives.

Enfin, pour éviter aussi sûrement que possible la polarisation, il est encore recommandable d'opérer avec un courant de fréquence élevée et avec de faibles densités de courant aux électrodes.

Ce dernier résultat s'obtiendra :

Par l'emploi d'un courant total ayant l'intensité minimum qui permette un bon emploi du récepteur téléphonique (Voir plus loin).

Par l'emploi d'électrodes de grande surface.

Par la platinisation des électrodes. — Cette opération consiste à recouvrir les électrodes d'une mince couche de mousse de platine (ce qui se réalise par voie électrolytique). La surface réelle de ces électrodes devient alors plusieurs centaines de fois égale à leur surface apparente.

Le dispositif de Kohlrausch n'est autre que celui du pont de Wheastone (fréquemment transformé en pont à fil). A représente la source de courant. Sur les branches du pont, on place l'électrolyte dont on veut

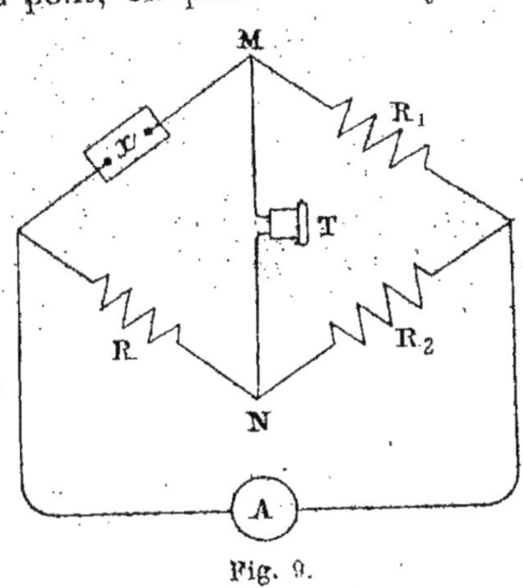

Fig. 9.

déterminer la résistance x et trois résistances connues R, R_1 et R_2 dont l'une au moins doit pouvoir varier à volonté. Comme un galvanomètre ne pourrait pas être employé avec le courant alternatif, on se sert ici d'un récepteur téléphonique T qui lorsqu'il ne donne plus de son (ou lorsqu'il donne un son minimum), fait connaître l'instant où l'on peut admettre que la diagonale MN n'est parcourue par aucun courant.

A ce moment, l'équation bien connue du pont de Wheastone :

$$\frac{x}{R} = \frac{R_1}{R_2}$$

permettra de calculer la résistance x de l'électrolyte considéré.

Comme la grandeur qu'on désire en général connaître est non la résistance mais la résistivité d'un électrolyte donné, on verse une certaine quantité de cet électrolyte dans un récipient convenable et l'on dispose dans ce récipient deux électrodes E_1 et E_2 planes et égales. Ces électrodes doivent être placées exactement l'une en face de l'autre et bien parallèlement de telle façon que le tronçon d'électrolyte qu'elles comprennent soit aussi bien déterminé que possible.

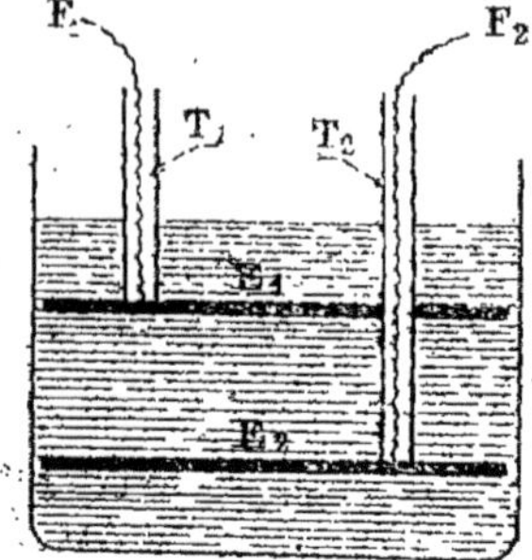

Fig. 10.

Les bords des électrodes et celles de leurs faces qui ne sont pas tournées l'une vers l'autre, seront recouverts d'une matière isolante. Enfin le courant est amené à ces électrodes par deux fils F_1 et F_2, isolés du liquide ambiant au moyen de deux tubes de verre T_1 et T_2.

Soient :

l la distance qui sépare les électrodes ;

s la surface de chacune d'elles ;

R la résistance trouvée ;

ρ la résistivité cherchée.

On a évidemment : $\rho = \dfrac{sR}{l}$.

En fait, une partie du liquide situé à l'extérieur du tronçon prismatique compris entre les électrodes contribue à la conductibilité et la formule ci-dessus n'est pas rigoureusement applicable. C'est pourquoi on détermine souvent à l'avance et une fois pour toutes, au moyen d'un électrolyte dont la résistivité est exactement connue, une constante particulière à l'appareil considéré (pour une position invariable de ses électrodes), et qui exprime la résistance présentée dans cet appareil par un électrolyte dont la résistivité réelle est égale à l'unité. Cette constante (ordinairement appelée *capacité de résistance* du récipient) permet de déterminer immédiatement la résistivité exacte d'un électrolyte, lors d'une application quelconque du même instrument.

Désignons par :

ρ_i la résistivité réelle, exactement connue à l'avance d'un électrolyte particulier ;

R_i la résistance observée lorsque cet électrolyte est contenu dans l'appareil ;

C la capacité de résistance de l'appareil.

On a :
$$C = \frac{R_i}{\rho_i} .$$

Soient maintenant :

ρ la résistivité cherchée d'un électrolyte ;

R la résistance observée lorsque cet électrolyte est contenu dans le même appareil.

On a :
$$C = \frac{R}{\rho}$$

d'où
$$\rho = \frac{R}{C} .$$

Nous verrons bientôt que les variations de température ont une grande influence sur la conductibilité des électrolytes. Il faut donc mesurer cette conductibilité à une température invariable et bien déterminée. Cette invariabilité de la température s'obtiendra en plaçant le récipient contenant l'électrolyte dans un thermostat.

La méthode de Kohlrausch est très employée dans l'industrie, mais les résultats qu'elle donne ne sont pas très précis.

B. **Méthode de Fuchs et Lippmann.** — Dans cette méthode, on s'arrange de telle façon que la quantité d'électricité qui traverse l'électrolyte soit *extrêmement petite* ; si la surface des électrodes est suffisamment grande, la polarisation de ces électrodes sera négligeable et la force contre-électromotrice résultant de cette polarisation le sera aussi [1].

Pour que la quantité d'électricité traversant l'électrolyte soit très faible, on emploie ici deux moyens :

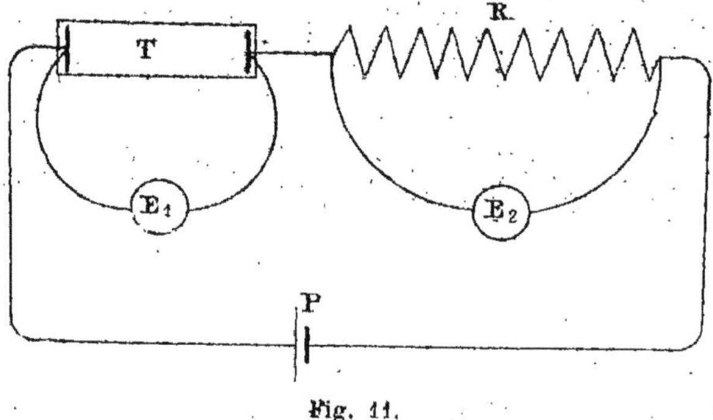

Fig. 11.

1° On monte en série avec l'électrolyte une résistance considérable ;

2° On effectue la mesure en un temps aussi court que possible.

Le dispositif ordinairement employé est le suivant :
Une source P fournit du courant continu. L'électro-

1. On verra au chapitre de la décomposition électrolytique et de la polarisation que, contrairement à une opinion assez répandue, il est possible de décomposer une quantité très minime d'un électrolyte quelconque avec une force électromotrice très voisine de zéro et cela, même avec des électrodes polarisables. Nous montrerons pourquoi, malgré l'existence d'un travail chimique, ce fait n'est pas en contradiction avec le principe de la conservation de l'énergie. Il n'y a donc pas lieu de s'étonner que la force contre-électromotrice puisse être ici aussi petite que l'on veut.

lyte, de résistance x, est contenu dans le tube T. En série avec l'électrolyte se trouve la résistance considérable et connue R. Enfin, deux électromètres E_1 et E_2 sont montés l'un aux électrodes, l'autre aux extrémités de la résistance R. Nous représenterons par les mêmes lettres E_1 et E_2 les différences de potentiels qu'ils indiquent. Désignons enfin par I l'intensité du courant qui parcourt le circuit.

On a évidemment :

$$I = \frac{E_1}{x} \qquad \text{et} \qquad I = \frac{E_2}{R}$$

par suite :
$$\frac{E_1}{x} = \frac{E_2}{R} \qquad \text{ou} \qquad x = \frac{RE_1}{E_2}$$

La méthode de Fuchs et Lippmann donne des résultats très précis, surtout si l'on se sert d'électrodes impolarisables.

Emploi d'électrodes impolarisables. — On appelle électrodes impolarisables celles avec lesquelles aucune force contre-électromotrice notable ne prend naissance. On conçoit donc immédiatement que l'emploi de ces électrodes puisse rendre de grands services dans les mesures de conductibilité.

Nous verrons que les électrodes impolarisables sont en principe constituées par des lames d'un métal plongeant dans une dissolution d'un sel de ce métal.

54. Variation de la conductibilité des électrolytes. — La conductibilité des électrolytes varie avec un certain nombre de facteurs et notamment avec la concentration et la température.

A. Influence de la concentration. — *La conductibilité*

d'un électrolyte augmente d'abord avec la concentra-
tion, puis en général diminue.

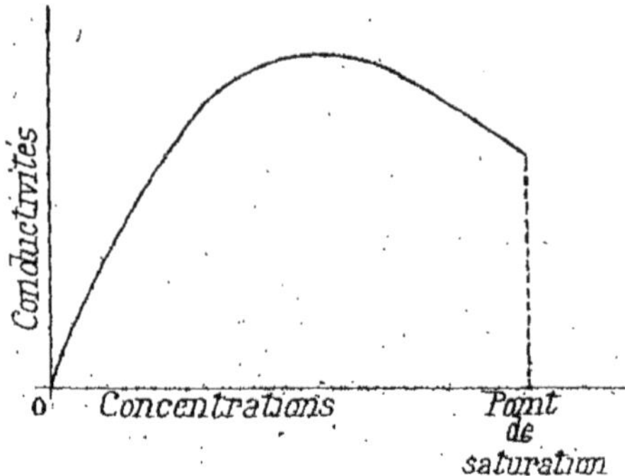

Fig. 12.

La figure 12 indique l'aspect ordinaire de la courbe représentative de cette variation.

Remarque. — Certains sels ne présentent que la partie ascendante de la courbe ci-dessus, comme l'indique la figure 13.

On peut dire alors que le point de saturation a été atteint avant le maximum de conductivité.

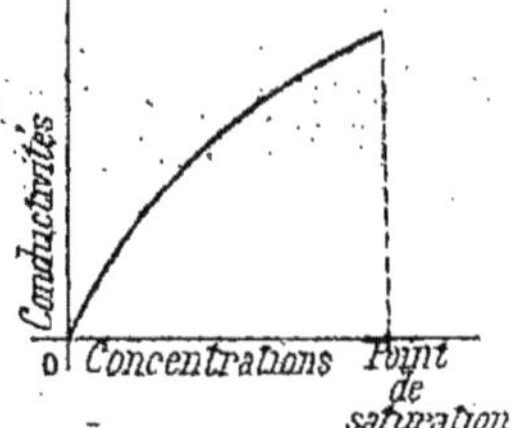

Fig. 13.

B. **Influence de la tempéra-** **ture.** — *Sauf de très rares exceptions, la conductivité d'un électrolyte augmente avec la température.*

Désignons par :

t la température centigrade ;

C_t la conductivité de l'électrolyte à cette température ;

C_0 sa conductivité à 0° ;

a un coefficient variable suivant l'électrolyte, mais toujours positif ;

b un coefficient variable suivant l'électrolyte, mais toujours beaucoup plus petit que a et positif dans la majorité des cas seulement.

L'expérience montre que, quel que soit l'électrolyte, la conductivité C_t peut se mettre sous la forme :

$$C_t = C_0 (1 + at + bt^2).$$

La courbe représentative de cette fonction présentera par exemple $(b < o)$ l'aspect suivant :

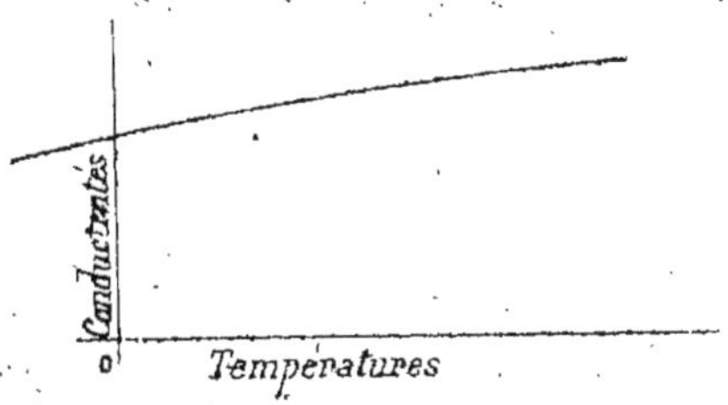

Fig. 14.

55. CONDUCTIBILITÉ DES MÉLANGES D'ÉLECTROLYTES. — La solution théorique de cette question est connue ; mais cette solution est à peu près inutilisable dans la pratique industrielle ; aussi, nous ne l'exposerons pas ici.

On pourra se servir de la règle suivante :

La conductivité d'un mélange d'électrolytes s'écarte en général assez peu de la moyenne arithmétique des conductivités des électrolytes mélangés (cette moyenne étant évidemment faite en tenant compte des proportions suivant lesquelles ces électrolytes entrent dans le mélange considéré).

Cette règle est complètement en défaut lorsqu'on mélange des électrolytes ayant un ou plusieurs ions com-

muns, ou encore dans le cas du mélange d'un acide avec une base, ou enfin lorsqu'il se produit un précipité.

On peut se demander pour quelle raison la règle ci-dessus n'est pas rigoureusement applicable, en dehors des cas précédents. Cela résulte du fait que des ions qui primitivement n'appartenaient pas au même composé s'unissent en formant un certain nombre de molécules neutres nouvelles. Ainsi, lorsqu'on mélange une solution d'AzO²K avec une solution d'NaCl, il se forme une petite quantité d'AzO²Na et de KCl non dissociés, qui pour cette raison ne peuvent pas contribuer à la conductibilité.

Remarque. — On peut augmenter la conductivité d'une dissolution saline par addition d'un acide convenablement choisi. Cela résulte de ce que les ions $\overset{+}{H}$ contribuent au transport électrique (voir n° 51) et du fait que ces ions sont ceux qui ont la plus grande mobilité (voir n°ˢ 59 et 60).

Dans certains cas exceptionnels, il faudrait ajouter une base ; mais l'augmentation de conductivité serait moindre.

Enfin, signalons que les ions qui transportent le courant dans un mélange d'électrolytes peuvent différer, pour une part, de ceux qui se déposent aux électrodes.

56. CONDUCTIVITÉ MOLÉCULAIRE [1]. — Désignons par δ le nombre de centimètres cubes d'un électrolyte, qui tiennent en dissolution une molécule-gramme ; ce

---

1. On étudie souvent à la place de la conductivité moléculaire, la *conductivité équivalente* qui est le produit de la conductivité de l'électrolyte par le nombre de centimètres cubes qui tiennent en dissolution un équivalent-gramme. Les propriétés de la conductivité équivalente sont en tous points analogues à celles de la conductivité moléculaire.

nombre δ s'appelle *dilution moléculaire*. Soit d'autre part c la *conductivité*[1] de cet électrolyte.

On appelle *conductivité moléculaire* le produit :

$$\mu = c\delta.$$

Théorème. — *La conductivité moléculaire d'un électrolyte est représentée par le même nombre que la conductance*[2] *d'une portion de cet électrolyte contenue dans un cylindre droit de 1 centimètre de hauteur et dont les bases formant électrodes auraient une surface telle que la portion d'électrolyte ainsi isolée renferme en dissolution une molécule-gramme.*

En effet, désignons par l la longueur du tronçon ainsi considéré et par s sa section.

On a :
$$R = \frac{\rho l}{s}$$

d'où
$$G = \frac{1}{R} = \frac{1}{\rho} \times \frac{s}{l} = \frac{cs}{l}$$

et comme ici
$$l = 1,$$
$$G = cs \qquad (21)$$

D'autre part la dilution moléculaire δ est, d'après sa définition même, égale au volume du tronçon ci-dessus, c'est-à-dire que l'on a :
$$\delta = sl.$$

Donc
$$\mu = c\delta = csl.$$

et comme ici
$$l = 1$$
$$\mu = cs \qquad (22)$$

1. La conductivité est l'inverse $\frac{1}{\rho}$ de la résistivité.

2. La conductance G est l'inverse $\frac{1}{R}$ de la résistance.

La comparaison des égalités (21) et (22) donne immédiatement :

$$\mu = G.$$

C'est ce qu'il fallait démontrer.

57. Conductivité moléculaire limite. — On sait que lorsque la dilution d'une solution augmente indéfiniment, la conductivité de cette solution tend vers zéro.

La conductivité moléculaire :

$$\mu = c\delta$$

prend alors la forme indéterminée :

$$\mu = 0 \times \infty.$$

L'expérience montre que la conductivité moléculaire croît quand la dilution augmente et qu'elle tend vers une limite déterminée qui correspondrait à une dilution infinie. Cette limite que nous représenterons par μ_∞ est appelée *conductivité moléculaire limite*.

58. Relation entre la conductivité moléculaire, la conductivité moléculaire limite et le coefficient de dissociation. — La conductibilité des électrolytes résultant d'un phénomène de convection il est évident que, pour une quantité donnée de substance dissoute, la *conductance* d'un électrolyte est proportionnelle au nombre d'*ions* qu'il renferme.

Si cet électrolyte est contenu dans le cylindre décrit au théorème du n° 56 et renferme en dissolution une molécule-gramme, sa conductance sera précisément égale à sa conductivité moléculaire. On peut donc dire que *pour une quantité donnée de substance dissoute, la conductivité moléculaire d'un électrolyte est proportionnelle au nombre d'ions qu'il contient*.

Nous avons vu au n° 36 que par suite de la dissociation électrolytique N molécules dissoutes donnaient :

$$N\alpha q \text{ ions.}$$

Lorsque la dilution est infinie, toutes les molécules de la substance dissoute sont dissociées et chacune d'elles fournissant q ions le nombre d'ions présents dans la solution devient :

$$Nq.$$

La loi imprimée ci-dessus en italiques donne alors :

$$\frac{\mu}{\mu_\infty} = \frac{N\alpha q}{Nq}$$

c'est-à-dire :
$$\frac{\mu}{\mu_\infty} = \alpha.$$

Or bien qu'en théorie la dissociation électrolytique ne devienne complète que pour une dilution infinie, une dissociation pratiquement complète peut s'obtenir facilement, et l'on voit, d'après la dernière formule, qu'on pourra déterminer le coefficient de dissociation d'un électrolyte au moyen de deux mesures de conductibilité.

En général, la valeur ainsi obtenue pour α coïncide avec la valeur fournie par les mesures physicochimiques, ce qui confirme bien la théorie d'Arrhénius. Comme nous l'avons déjà dit, les différences constatées s'expliquent facilement par l'hypothèse de divers phénomènes secondaires.

59. Loi de Kohlrausch. Mobilités des ions. — L'expérience montre que *la conductivité moléculaire limite d'un électrolyte binaire quelconque est égale à la somme de deux termes indépendants qui pour un dissolvant et*

une température donnés sont caractéristiques l'un de l'anion et l'autre du cation.

Cette loi est ordinairement appelée loi de Kohlrausch et les termes caractéristiques des ions portent le nom de *mobilités*.

Quand on dit que la mobilité d'un ion est caractéristique de cet ion, on entend que cette mobilité conserve la même valeur quel que soit l'électrolyte binaire dont l'ion considéré fasse partie.

Par exemple, dans l'eau et à la température de 18° on a :

$$\text{Mobilité de l'ion } \overset{+}{\text{K}} = 64{,}67$$
$$\overset{+}{\text{Na}} = 43{,}55$$
$$\overset{+}{\text{Li}} = 33{,}44$$
$$\overset{-}{\text{Cl}} = 65{,}44$$
$$\overset{-}{\text{AzO}^3} = 61{,}78$$
$$\overset{-}{\text{OH}} = 172{,}00$$

Or dans ce même dissolvant et à la même température on a :

Conductivité moléculaire limite de KCl $= 130{,}11 = 64{,}67 + 65{,}44$
     —   —   — d'NaCl $= 108{,}99 = 43{,}55 + 65{,}44$
     —   —   — d'LiCl $= 98{,}88 = 33{,}44 + 65{,}44$
     —   —   — d'AzO^{3}K $= 126{,}45 = 61{,}78 + 64{,}67$
     —   —   — d'AzO^{3}Na $= 105{,}33 = 61{,}78 + 43{,}55$
     —   —   — d'AzO^{3}Li $= 95{,}22 = 61{,}78 + 33{,}44$
     —   —   — de KOH $= 236{,}67 = 64{,}67 + 172$
     —   —   — d'NaOH $= 215{,}55 = 43{,}55 + 172$
     —   —   — d'LiOH $= 205{,}44 = 33{,}44 + 172$

On voit que la mobilité de chaque ion conserve bien la même valeur dans les différents électrolytes.

La mobilité d'un anion se représente ordinairement

par l_a et celle d'un cation par l_c. La loi de Kohlrausch [1]
s'écrira donc :

$$\mu_\infty = l_a + l_c.$$

Origine physique de la loi. — Nous avons vu au n° 51,
que la quantité d'électricité qui traverse une section
quelconque de l'électrolyte, est égale à la quantité d'électricité qui, pendant le même temps, traverse une section
quelconque du circuit extérieur. Cela revient évidemment à dire que le courant qui dans l'électrolyte résulte
du transport de charges électriques par les ions, est
égal au courant qui parcourt le circuit extérieur, et l'on
se rend compte alors facilement du fait que pour un
voltamètre invariable, la conductance des électrolytes
dépendra *exclusivement* du nombre d'ions présents dans
la solution et de l'aptitude que possèdent ces ions à se
déplacer sous l'action du champ électrique créé par les
électrodes.

Si l'électrolyte est binaire, s'il contient en dissolution
N molécules et si le coefficient de dissociation est α, le
nombre d'ions présents sera :

$$2N\alpha.$$

D'autre part, l'aptitude des ions au déplacement
(aptitude qui, nous l'avons vu, dépend de l'importance
des frottements) est évidemment mesurée pour chaque

---

1. Cette loi est une application particulière d'un fait plus général :
Une propriété quelconque d'une solution électrolytique très étendue
peut être représentée numériquement par la somme de deux termes
dont l'un est relatif à l'anion et l'autre au cation du corps dissous. Les
explications données ci-dessus montrent comment cette règle doit être
interprétée.

Quelquefois, l'un des deux termes est nul, c'est-à-dire que l'un des
ions ne joue aucun rôle pour la propriété considérée. Cela a lieu par
exemple dans la rotation du plan de polarisation de la lumière par
l'anion des sels de l'acide tartrique ; le cation reste alors inactif.

espèce d'ions, par la vitesse U prise par le cation et par la vitesse V prise par l'anion sous l'action d'un champ électrique de valeur déterminée. Mais nous savons que le transport d'électricité dans l'électrolyte, c'est-à-dire le courant, peut résulter indifféremment du mouvement des anions ou de celui des cations (voir n° 51). Par suite et d'après le mécanisme de ce courant, la conductance d'un électrolyte binaire sera proportionnelle à la somme $U + V$. Comme cette conductance est évidemment proportionnelle aussi au nombre d'ions, on aura pour un voltamètre donné :

$$G = K \times 2N\alpha \times (U + V) \qquad (23)$$

K étant le facteur de proportionnalité.

Il est essentiel de remarquer que puisque $2N\alpha$ est une quantité purement numérique et que, pour un voltamètre donné, la conductance dépend *exclusivement* de ce nombre d'ions et de la somme $U + V$, le facteur K réalise simplement la transformation des unités de vitesse en unités de conductance. K aura par suite la même valeur pour tous les électrolytes.

Cela posé, considérons un électrolyte binaire contenu dans le cylindre décrit au théorème du n° 56, et renfermant en dissolution une molécule-gramme. Si cet électrolyte est à l'état de dilution infinie, sa conductivité moléculaire limite est égale à sa conductance.

D'autre part le voltamètre peut être déterminé de façon invariable et par suite, la formule (23) sera applicable.

Or ici, on a d'après l'hypothèse :

$$\alpha = 1.$$

En outre, la solution renferme une molécule-gramme

de substance dissoute et l'on sait que les molécules-grammes des différents corps contiennent toutes le même nombre de molécules réelles. N aura donc la même valeur pour toutes les substances et si l'on pose :

$$K_i = 2KN$$

K_i sera d'après ce qui précède une constante unique pour tous les électrolytes considérés.

La formule (23) peut alors s'écrire :

$$\mu_\infty = K_i (U + V) = K_i U + K_i V.$$

Or la dilution étant infinie, chaque ion peut être considéré comme isolé et sa vitesse est par suite indépendante de la combinaison dont il faisait partie. Pour un même dissolvant, une même température et dans le cas d'une dilution infinie, la vitesse d'un ion sous l'action d'un champ électrique donné sera donc invariable quel que soit l'électrolyte auquel cet ion appartient.

Les termes $K_i U$ et $K_i V$ sont donc caractéristiques des ions et leur identité avec les mobilités est alors évidente puisque

$$\mu_\infty = K_i U + K_i V.$$

D'après ce qui précède, on voit que les mobilités sont en quelque sorte des vitesses d'ions exprimées en unités de conductibilité [1].

60. Vitesse absolue des ions en solution étendue. — On démontre que la vitesse absolue d'un ion en solution étendue, sous l'action d'une force électromotrice de 1 volt par centimètre, est égale au quotient de la mobi-

---

1. Pour cette raison, les mobilités sont encore quelquefois appelées *conductivités ioniques*.

lité de cet ion par le nombre $F = 96\,570$, la vitesse ainsi obtenue étant exprimée en centimètres par seconde.

Les vitesses absolues des ions peuvent d'ailleurs être l'objet de mesures directes approximatives, car la migration peut être rendue visible au moyen d'expériences convenables, surtout s'il s'agit d'ions colorés.

Le plus rapide de tous les ions est l'ion $\overset{+}{H}$ qui, dans les conditions énoncées ci-dessus et en solution aqueuse à la température de 18°, parcourt 0,0034 cm. par seconde, c'est-à-dire 2,04 mm. par minute. Puis vient l'ion $\overline{OH}$ qui parcourt 1,07 mm. par minute. Enfin se placent les autres ions.

CHAPITRE VI

FORGES ÉLECTROMOTRICES

I. — THERMODYNAMIQUE DES PILES

Il est naturel de considérer les piles comme des appareils dans lesquels de l'énergie chimique est transformée en énergie électrique. La force électromotrice d'une pile doit donc être fonction de l'énergie fournie par les réactions qui s'accomplissent et c'est cette relation qu'exprime la règle de Thomson. Enfin, la formule de Helmholtz apporte à cette relation une correction dont l'introduction est généralement rendue nécessaire par l'apparition dans la pile de phénomènes thermiques secondaires.

61. RÈGLE DE THOMSON. — Désignons par :

F la quantité d'électricité 96 570 coulombs (F = 1 faraday) ;

J l'équivalent mécanique de la chaleur ;

q la chaleur des réactions qui s'accomplissent dans la pile lorsque celle-ci fournit la quantité d'électricité F.

x la force électromotrice de la pile.

Écrivons que le travail électrique est égal au travail chimique. On a :

$$xF = Jq$$

d'où :

$$x = \frac{Jq}{F} = \frac{4\ 190\ q}{96\ 570} = 0,0434\ q.$$

Or, d'après ce que nous savons du mécanisme de conductibilité des électrolytes et de la charge des ions, le débit par la pile de $F = 96\,570$ coulombs implique la décharge d'un équivalent-gramme d'ion électropositif sur le pôle positif et d'un équivalent-gramme d'ion électronégatif sur le pôle négatif[1]. Ces quantités de matière étant connues, la quantité de chaleur correspondante q dégagée par les réactions s'accomplissant dans la pile, s'obtiendra facilement d'après les tables de thermochimie et le calcul pratique de x sera possible.

Remarque. — Pour qu'il y ait égalité entre le travail électrique et le travail chimique, il faut qu'il n'apparaisse dans la pile aucun phénomène thermique pendant le fonctionnement. Or, si la chaleur dégagée par effet Joule peut être réduite à très peu de chose, il n'en est pas de même de certains autres phénomènes thermiques, notamment d'un dégagement ou d'une absorption de chaleur qui pourront se produire par effet Peltier[2] aux surfaces de séparation des électrodes et de l'électrolyte.

1. On voit que le sens du mouvement des ions dans les piles est inverse de ce qu'il est dans les voltamètres.

2. Rappelons brièvement en quoi consiste l'effet Peltier :

Considérons deux conducteurs de nature différente, C_1 et C_2, réunis par une soudure.

Soit R la résistance totale de ces deux conducteurs. Lorsqu'il passe un courant d'intensité 1 pendant un temps t, la chaleur dégagée n'est pas :

$$q = \frac{1}{J} RI^2 t$$

comme dans le cas d'un conducteur unique ; elle prend une valeur différente q' et l'on peut écrire :

$$q' = \frac{1}{J} RI^2 t \pm q_1.$$

Le dégagement ou l'absorption de chaleur $\pm q_1$ se produit à la soudure et ce phénomène thermique porte le nom d'effet Peltier.

Le signe de q_1 change avec le sens du courant.

Trois cas pourront alors se présenter :

1° Le phénomène thermique secondaire dégage de la chaleur. — Alors, la pile rayonne de la chaleur dans le milieu ambiant et une partie seulement de l'énergie chimique se transforme en énergie électrique. La force électromotrice de la pile est par suite plus petite que ne l'indique la règle de Thomson.

2° Le phénomène thermique secondaire absorbe de la chaleur. — Alors, la pile tend à se refroidir pendant son fonctionnement. Elle reçoit de la chaleur du milieu ambiant et sa force électromotrice est plus grande que ne l'indique la règle de Thomson.

3° Le phénomène thermique secondaire ne détermine ni dégagement ni absorption de chaleur. (Tel serait, par exemple, le cas, s'il se produisait aux électrodes des effets Peltier égaux et de signes contraires). Alors, la pile obéit à la règle de Thomson.

62. FORMULE DE HELMHOLTZ. —Pour les raisons exposées ci-dessus, la règle de Thomson est en défaut dans la majorité des cas. Mais il existe une relation plus générale et qui est toujours vérifiée par l'expérience.

Désignons par :

F, J, q et x, les mêmes quantités que précédemment ;

T, la température absolue.

On démontre qu'entre ces diverses grandeurs on a la relation :

$$x = \frac{Jq}{F} + T \frac{dx}{dT} \cdot$$

C'est la formule de Helmholtz.

Remarquons que lorsque

$$\frac{dx}{dT} = 0$$

la relation de Helmholtz se réduit à celle de Thomson. On peut donc dire que pour que la règle de Thomson soit applicable, il faut et il suffit que la force électromotrice de la pile soit indépendante de la température.

Le facteur $\frac{dx}{dT}$ est appelé *coefficient de température*. On peut le déterminer expérimentalement avec une approximation suffisante en mesurant la variation de force électromotrice qui se produit lorsque la température absolue passe de la valeur T à la valeur T $+$ 1°.

II. — THÉORIE DE NERNST

Sans méconnaître l'importance du point de vue purement thermodynamique relatif à la genèse du courant dans les piles, la théorie de Nernst examine de plus près le mécanisme du phénomène et explique par des échanges d'ions l'apparition des forces électromotrices de contact. La connaissance de cette théorie est indispensable, non seulement pour l'étude des piles, mais aussi pour la compréhension de la décomposition électrolytique.

63. PRÉLIMINAIRE. TRAVAIL ACCOMPLI DANS UNE TRANSFORMATION OSMOTIQUE ISOTHERMIQUE ET RÉVERSIBLE. — Nous savons que la pression osmotique exercée par une substance non ionisable en dissolution a la même valeur que la pression qu'exercerait cette substance si à la température de l'expérience elle était gazeuse et occupait un volume égal à celui de la solution.

Désignons par :

V le volume de liquide contenant en dissolution une molécule-gramme d'une substance supposée non ionisable ;

Π la pression osmotique ;

T la température absolue ;

R la constante des gaz [1].

D'après ce qui précède, on peut écrire :

$$V\Pi = RT \qquad \text{c'est-à-dire :} \qquad \Pi = \frac{RT}{V} \qquad (25)$$

Cela posé, supposons que la molécule-gramme de la substance considérée (supposée non ionisable) soit en

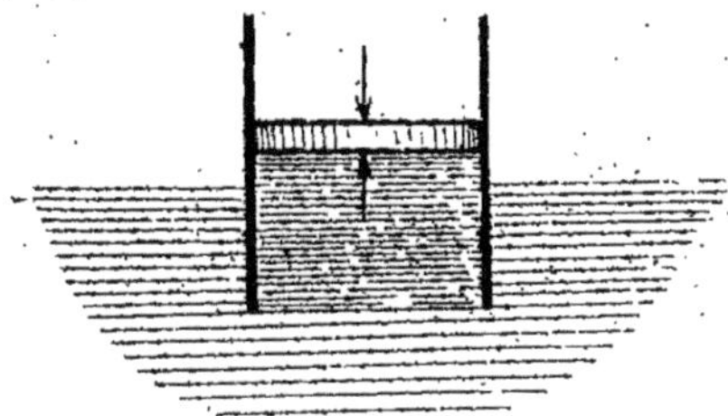

Fig. 16.

solution dans un cylindre dont le fond serait constitué par une paroi semi-perméable, ce cylindre étant immergé dans le dissolvant.

Lorsque le piston (de surface S) se déplace réversi-

---

1. Rappelons rapidement ce qu'est la constante des gaz.

La relation fondamentale : $\dfrac{V\Pi}{1 + \alpha t} = V_0\Pi_0$

peut s'écrire :
$$V\Pi = V_0\Pi_0\alpha \left(\frac{1}{\alpha} + t \right) \qquad (24)$$

Or $\dfrac{1}{\alpha} + t = 273 + t = T$.

D'autre part pour un poids *donné* d'un gaz *déterminé* $V_0\Pi_0\alpha$ est une constante. Posons alors :
$$V_0\Pi_0\alpha = R.$$

La relation (24) devient : $V\Pi = RT$.

Lorsque le poids du gaz considéré est 1 gramme, la valeur $R = V_0\Pi_0\alpha$ est appelée constante thermodynamique de ce gaz.

On donne souvent aussi le même nom à la valeur prise par R lorsque le poids du gaz est 1 kilogramme (mais cette nouvelle constante est 1 000 fois plus grande que la précédente).

Enfin, lorsque le poids considéré est la molécule-gramme, on voit immédiatement que la valeur de R est la même, quel que soit le gaz dont il s'agit. R prend alors le nom de *constante des gaz*.

blement de la longueur dl sous l'action de la pression osmotique, le travail accompli par le système est :

$$d\mathfrak{C} = \Pi S dl = \Pi dV.$$

Supposons que le volume de la solution passe de la valeur initiale V_1 à la valeur finale V_2. Le travail effectué sera :

$$\mathfrak{C} = \int_{V_1}^{V_2} \Pi dV$$

ou en remplaçant Π par sa valeur (25) :

$$\mathfrak{C} = \int_{V_1}^{V_2} \frac{RT}{V} dV = RT \int_{V_1}^{V_2} \frac{dV}{V} = RT(LV_2 - LV_1) = RTL \frac{V_2}{V_1}.$$

Représentons les concentrations initiale et finale par C_1 et C_2. On a évidemment :

$$\frac{V_2}{V_1} = \frac{C_1}{C_2}$$

et l'expression précédente devient alors :

$$\mathfrak{C} = RTL \frac{C_1}{C_2} \qquad\qquad (26)$$

Soient enfin Π_1 et Π_2 les pressions osmotiques initiale et finale. D'après la loi de Van't Hoff, on a :

$$\frac{\Pi_1}{\Pi_2} = \frac{C_1}{C_2}$$

et la formule (26) peut s'écrire :

$$\mathfrak{C} = RTL \frac{\Pi_1}{\Pi_2} \qquad\qquad (27)$$

Remarque I. — Si au lieu d'une détente on avait une compression osmotique[1] isothermique et réversible, le travail accompli par le système (ici travail résistant)

____

1. Ce qu'on réaliserait par exemple en enfonçant le piston de la figure XVI.

serait évidemment égal au travail de détente changé de signe.

Ainsi, supposons qu'il y ait passage d'une pression osmotique initiale H_2 à une pression osmotique finale plus grande H_1 (c'est-à-dire passage d'une concentration primitive C_2 à une concentration plus forte C_1). Le travail accompli par le système serait :

$$\mathfrak{G} = - RTL\,\frac{H_1}{H_2} = - RTL\,\frac{C_1}{C_2}$$

ou
$$\mathfrak{G} = RTL\,\frac{H_2}{H_1} = RTL\,\frac{C_2}{C_1} \qquad (28)$$

Remarque II. — Les formules (26), (27) et (28) nous montrent qu'il s'accomplira un travail osmotique toutes les fois qu'une substance dissoute passera d'une pression osmotique à une autre ou ce qui revient au même d'une concentration à une autre. Il importe en outre de remarquer que ces formules donnent la valeur du travail ainsi accompli, non seulement dans le cas où une molécule-gramme de substance non ionisable éprouve une variation osmotique, mais aussi dans le cas où c'est un ion-gramme autonome qui change de concentration. (On sait en effet qu'un ion-gramme autonome exerce la même pression osmotique qu'une molécule-gramme non dissociée ; le travail accompli sera donc le même dans les deux cas).

64. Force électromotrice de contact entre deux solutions inégalement concentrées d'un même électrolyte. — **A. Origine de cette force électromotrice.** — Considérons un récipient divisé en deux compartiments A et B par une paroi poreuse (et non pas semi-perméable) PP'. Supposons que dans le compartiment A on place une solution concentrée d'un électrolyte donné et dans le compartiment B une solution diluée de ce même électrolyte. La paroi PP' étant poreuse, les deux solutions vont se mélanger. Mais ce mélange tend évidemment à égaliser les concentrations ; il résulte de là que le nombre d'ions passés de A en B au bout d'un temps très court, sera supérieur au nombre d'ions passés de B en A.

D'autre part, on sait qu'en général les deux ions exercent sur la solution des frottements différents et que par suite ils sont inégalement mobiles. Supposons par exemple que le cation se déplace plus rapide-

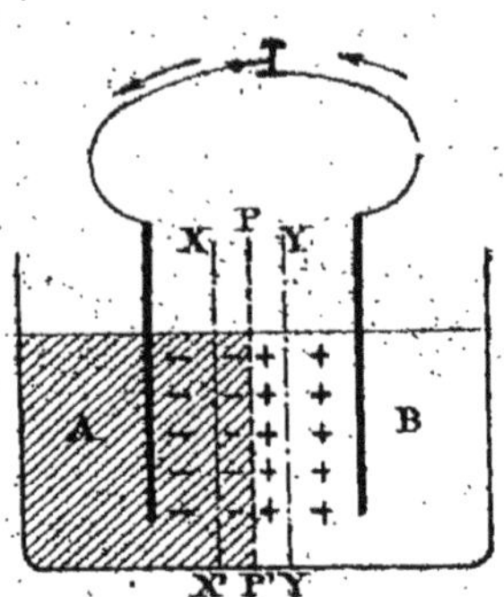

Fig. 47.

ment que l'anion. Alors, à droite de PP', les cations seront au bout d'un temps très court en excès par rapport aux anions. A gauche de PP', les anions seront au contraire en excès par rapport aux cations, par suite du passage d'un grand nombre de cations dans le compartiment voisin.

On voit donc en fin de compte qu'il s'est formé à droite de PP' une couche électrisée positivement par suite de l'excès de cations et à gauche de PP' une couche électrisée négativement par suite de l'excès d'anions.

La formation de cette couche double entraîne l'apparition d'une force électromotrice.

Ainsi une électrode plongée dans la région A se chargera négativement, une électrode plongée dans la région B se chargera positivement et si l'on réunit ces deux électrodes par un conducteur, ce conducteur sera parcouru par un courant [1].

B. Calcul de cette force électromotrice. — Nous supposerons pour simplifier que la molécule de l'électrolyte est constituée par deux ions monovalents ; la méthode indiquée ci-dessous s'étendrait sans aucune difficulté aux autres cas plus compliqués.

Désignons par :

F, R et T, les mêmes grandeurs que précédemment ;

n_c et n_a, les nombres de transport du cation et de l'anion ;

C_1 la concentration de l'électrolyte dans le compartiment A ;

C_2 la concentration de l'électrolyte dans le compartiment B ;

x, la différence de potentiel existant entre les deux couches situées de part et d'autre de PP' et constituant la force électromotrice que nous voulons calculer.

Plongeons dans le liquide deux électrodes, une dans chaque compartiment et réunissons extérieurement ces électrodes par un conducteur. Puis, coupons le circuit lorsqu'il a été traversé par $F = 96\,570$ coulombs.

Le travail électrique apparu entre les plans XX' et YY' très voisins de la surface PP' est évidemment Fx.

Or ce travail électrique résulte d'un travail osmotique qu'il est possible de calculer :

La molécule de l'électrolyte étant constituée par deux ions monovalents, le passage de la quantité d'électri-

---

1. Rappelons une fois pour toutes qu'étant donné un système générateur d'énergie électrique, le courant va du pôle positif au pôle négatif dans le circuit extérieur et du pôle négatif au pôle positif à l'intérieur du système.

cité F implique, d'après la loi de Faraday, la décharge sur les électrodes de 1 cation-gramme et de 1 anion-gramme. Par suite, d'après ce que nous savons de la migration des ions, un poids de cation :

$$n_c \times 1 \text{ cation-gramme}$$

est passé du compartiment A dans le compartiment B, et un poids d'anion :

$$n_a \times 1 \text{ anion-gramme}$$

est passé du compartiment B dans le compartiment A.

Les cations passent de la concentration C_1 à la concentration C_2. Pour un cation-gramme changeant ainsi de concentration, le travail osmotique serait :

$$RTL\, \frac{C_1}{C_2}$$

et pour n_c cations-grammes, ce travail devient :

$$n_c RTL\, \frac{C_1}{C_2}$$

Les anions passent de la concentration C_2 à la concentration C_1. Pour un anion-gramme changeant ainsi de concentration, le travail osmotique serait :

$$RTL\, \frac{C_2}{C_1}$$

et pour n_a anions-grammes, ce travail devient :

$$n_a RTL\, \frac{C_2}{C_1}$$

Le travail osmotique total est donc :

$$n_c RTL\, \frac{C_1}{C_2} + n_a RTL\, \frac{C_2}{C_1}$$

Égalons le travail électrique au travail osmotique; on a :

$$Fx = n_c RTL \frac{C_1}{C_2} + n_a RTL \frac{C_2}{C_1}$$

équation d'où l'on tire immédiatement :

$$x = (n_c - n_a) \frac{RT}{F} L \frac{C_1}{C_2} .$$

Remarque. — Désignons par U la vitesse du cation et par V celle de l'anion. D'après une propriété connue (Voir n° 49), on a :

$$n_c = \frac{U}{U + V} \qquad \text{et} \qquad n_a = \frac{V}{U + V} .$$

La relation ci-dessus peut donc s'écrire :

$$x = \frac{U - V}{U + V} \frac{RT}{F} L \frac{C_1}{C_2} .$$

65. FORCE ÉLECTROMOTRICE DE CONTACT ENTRE UN MÉTAL ET UNE SOLUTION D'UN SEL DE CE MÉTAL. — *A.* Origine de cette force électromotrice. — Nernst admet que lorsqu'un métal est en contact avec un liquide, ce métal tend à émettre dans le liquide des ions positifs.

Cette tendance à l'émission d'ions positifs est mesurée par une grandeur analogue à une pression et qui porte le nom de *tension électrolytique de dissolution*[1].

Cela posé, considérons un métal plongeant dans une solution d'un de ses sels. Trois cas pourront se présenter.

1er **Cas.** — La tension électrolytique de dissolution du métal est supérieure à la pression osmotique

---

1. Cette grandeur est encore appelée *pression électrolytique de dissolution* et *pression d'ionisation.*

que possèdent les ions de ce métal dans la solution[1].

Alors, le métal émet des ions positifs dans cette solution et par suite, il se charge négativement[2].

2° Cas. — La tension électrolytique de dissolution du métal est égale à la pression osmotique que possèdent les ions de ce métal dans la solution.

Dans ce cas, cette pression osmotique s'oppose à l'émission d'ions par le métal et aucune force électromotrice ne prend naissance.

1. Au point de vue de la pression osmotique, chaque espèce d'ions peut être considérée comme agissant seule et la pression osmotique totale est alors égale à la somme des pressions osmotiques partielles des différentes sortes d'ions présents dans la solution. Cette loi est en tous points analogue à la loi de Dalton relative aux pressions dans les mélanges gazeux.

2. L'apparition de cette charge négative sur le métal est une conséquence du principe de la conservation de l'électricité : ce principe nous apprend en effet que lorsqu'un système isolé éprouve une transformation quelconque, la somme algébrique des quantités d'électricité contenues dans le système reste constante ; de là, on déduit immédiatement ce corollaire que l'apparition d'une des deux sortes d'électricité est invariablement liée à l'apparition d'une quantité égale d'électricité de signe contraire.

Mais on peut se faire une idée plus précise du phénomène qui nous occupe, d'après les théories actuelles de la constitution de la matière et de la conductibilité des métaux :

On admet que les atomes matériels sont constitués par un centre positif entouré d'un nombre considérable de corpuscules négatifs appelés *électrons*, la somme algébrique des charges électriques étant nulle.

La nature des électrons serait la même dans tous les corps de sorte qu'un échange d'électrons entre deux substances différentes ne produirait aucune modification chimique.

On admet en outre que les métaux renferment des centres positifs et des électrons *indépendants*, mais en proportion telle que la somme algébrique des charges soit nulle; ces centres positifs et ces électrons pourraient se déplacer sous l'action d'un champ électrique et l'application d'une différence de potentiel entre deux points du métal produirait dans celui-ci un courant de convection. La conductibilité des métaux serait donc de même nature que celle des électrolytes.

Ajoutons que les centres positifs seraient très peu mobiles et que le passage du courant résulterait principalement du mouvement des électrons. (Le déplacement de ceux-ci aurait évidemment lieu en sens inverse du courant conventionnel.)

On conçoit facilement maintenant, que lorsque le métal considéré a émis des centres positifs dans la solution, il possède un excès d'électrons et par suite présente une électrisation négative.

3° Cas. — La tension électrolytique de dissolution du métal est inférieure à la pression osmotique que possèdent les ions de ce métal dans la solution.

Alors, non seulement le métal n'émet pas d'ions, mais c'est au contraire la solution qui charge le métal d'ions positifs. Par suite ce métal devient positif par rapport à la solution.

Remarque. — L'émission d'ions par le métal ou le phénomène inverse s'arrêtent au bout d'un temps très court, car dès que la différence de potentiel a atteint une certaine valeur, les attractions et répulsions produites par la couche double électrique s'opposent à la continuation de l'émission ou de la réception des ions, comme il est facile de s'en rendre compte.

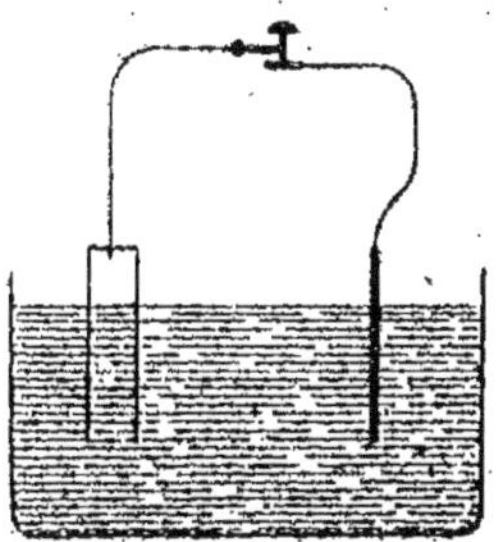

Fig. 18.

Expérimentalement, l'équilibre s'établit instantanément et la quantité de matière émise ou reçue est impondérable ; cependant, la différence de potentiel est notable ce qui s'explique aisément par le fait bien connu que les charges électriques portées par les ions sont très considérables (voir n° 40, remarque VII).

Enfin, si l'on plonge dans la solution un autre conducteur que l'on mette en communication extérieure avec le métal précédent, le circuit ainsi formé est parcouru par un courant [1]. Pendant le fonctionnement de

---

1. Mais pour cela, il faut que le second conducteur ne soit pas constitué par le même métal que la première électrode car les deux forces électromotrices de contact qui prendraient alors naissance seraient égales et opposées ; dans ces conditions, aucun courant ne se produirait.

ce système, la couche double électrique qui empêchait la continuation de l'émission ou de la réception des ions est détruite à chaque instant et se reforme à chaque instant. Si le métal considéré joue le rôle d'électrode négative, il se dissout dans le bain ; s'il joue au contraire le rôle d'électrode positive, il s'épaissit par suite de l'apport d'ions positifs (métalliques) qu'implique le passage du courant.

B. Calcul de cette force électromotrice. — Considérons un métal plongeant dans une dissolution d'un de ses sels et supposons par exemple que nous nous trouvions dans le premier des trois cas indiqués précédemment.

Désignons par :

F, R et T, les mêmes grandeurs que précédemment ;

v la valence du métal ;

P la tension électrolytique de dissolution de ce métal ;

h la pression osmotique des ions du métal dans la solution ;

x la différence de potentiel existant entre le métal et la solution et constituant la force électro-motrice que nous voulons calculer.

Plongeons dans la solution un second conducteur de nature telle que la force électromotrice de contact entre ce conducteur et le liquide n'empêche pas le courant de passer dans le sens de la force électromotrice étudiée. Puis, au moyen d'un fil réunissant extérieurement les deux électrodes, fermons le circuit et rouvrons-le lorsque F = 96 570 coulombs positifs sont passés du métal à la solution à travers le contact considéré.

Le travail électrique accompli par le système formé par le métal de ce contact et la solution est alors Fx.

Or ce travail électrique résulte d'un travail osmotique qu'il est possible de calculer :

Le passage de la quantité d'électricité positive F du métal à la solution implique, d'après ce que nous savons de la charge des ions, le passage en dissolution d'1 équivalent-gramme de métal, c'est-à-dire de :

$$\frac{1}{v} \times 1 \text{ atome-gramme.}$$

Ces atomes de métal passent de la pression P à la pression h. Pour 1 atome-gramme, le travail accompli serait :

$$\text{RTL } \frac{P}{h} .$$

Le travail produit dans le cas qui nous occupe sera donc :

$$\frac{RT}{v} \text{L } \frac{P}{h} .$$

Egalons le travail électrique au travail osmotique ; on a :

$$Fx = \frac{RT}{v} \text{L } \frac{P}{h}$$

équation d'où l'on tire :

$$x = \frac{RT}{vF} \text{L } \frac{P}{h} .$$

Remarque I. — On démontrerait de la même façon que lorsqu'on se trouve dans le dernier des trois cas indiqués précédemment, on a :

$$x = \frac{RT}{vF} \text{L } \frac{h}{P} .$$

Remarque II. — Si l'on convient de considérer la force électromotrice de contact comme positive lorsque le métal est positif par rapport à la solution et comme négative dans le cas contraire, les deux relations ci-dessus se résument évidemment dans la formule unique :

$$x = \frac{RT}{vF} \; L \; \frac{h}{P} \cdot$$

66. FORCE ÉLECTROMOTRICE DE CONTACT ENTRE UN GAZ ET UNE SOLUTION AVEC LAQUELLE CE GAZ PEUT ÉCHANGER DES IONS. — Considérons une électrode plongeant par sa partie inférieure dans une solution et par sa partie supérieure dans le gaz surmontant le liquide. Par hypothèse, cette solution renferme des ions correspondant à la nature du gaz qui la surmonte. Supposons enfin que l'électrode soit inattaquable et qu'elle possède pour le gaz un certain pouvoir absorbant. Alors tout se passe comme si l'on avait une électrode gazeuse en contact avec la solution.

La théorie de la force électromotrice qui prend ici naissance est analogue à la théorie exposée au n° 65. Mais la tension électrolytique de dissolution d'un gaz varie beaucoup plus suivant les conditions de l'expérience que ne le fait en général la tension électrolytique de dissolution d'un métal.

67. PILES. — Le fonctionnement des piles s'explique facilement à l'aide de la théorie de Nernst. Nous indiquons ci-dessous quelques exemples de piles ainsi que le calcul de leur force électromotrice.

A. **Piles de concentration.** — Considérons deux électrodes constituées par un métal unique et plongeant dans deux solutions inégalement concentrées d'un sel de ce métal. Imaginons qu'on réunisse ces électrodes par un conducteur extérieur, les solutions étant elles-mêmes en contact de façon que le circuit soit fermé.

1° *Fonctionnement.* — Négligeons momentanément la force électromotrice de contact entre les deux solutions (cette force électromotrice étant d'ailleurs très faible en réalité).

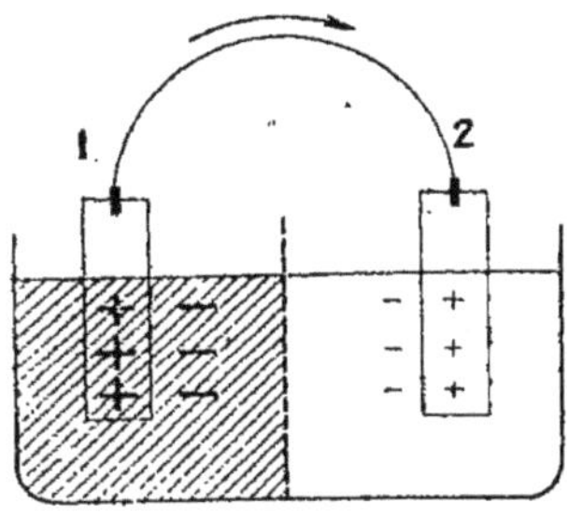

Fig. 19.

Les deux forces électromotrices de contact entre électrodes et solutions sont en opposition ; mais elles sont inégales à cause de la différence des concentrations ; par suite, un courant s'établira dès que le circuit sera fermé.

Soient :

P la tension électrolytique de dissolution du métal ;

h_1 la pression osmotique des ions de ce métal dans la solution de gauche ;

h_2 la pression osmotique des ions de ce métal dans la solution de droite.

Enfin, supposons par exemple que l'on ait :

$$h_1 > h_2 > P.$$

La force électromotrice de contact entre l'électrode 1 et la solution de gauche sera plus grande que la force électromotrice de contact entre l'électrode 2 et la solution de droite, puisque :

$$\frac{RT}{vF} \, L \, \frac{h_1}{P} > \frac{RT}{vF} \, L \, \frac{h_2}{P} \, .$$

Par suite, le courant se dirigera dans le circuit extérieur de l'électrode 1 à l'électrode 2. L'électrode 1 s'épaissira ; quant à l'électrode 2, elle se dissoudra bien que l'on ait $h_2 > P$, à cause de l'émission d'ions positifs (métalliques) qu'implique ici le passage du courant.

Enfin, on peut voir facilement que la force électromotrice de contact entre les deux solutions agira dans le sens du courant précédent si l'anion est plus rapide que le cation et en sens inverse dans le cas contraire.

2° *Force électromotrice.* — Nous supposerons que $r = 1$ afin de pouvoir appliquer la formule établie au n° 64.

Désignons par :

x_1 la force électromotrice de contact entre l'électrode 1 et la solution de gauche ;

x_2 la force électromotrice de contact entre l'électrode 2 et la solution de droite ;

x_3 la force électromotrice de contact entre les deux solutions ;

x la force électromotrice de la pile.

D'après ce qui précède, on a [1] :

$$x = x_1 - x_2 - x_3 \qquad (29)$$

Or ici :

$$x_1 = \frac{RT}{F} \, L \, \frac{h_1}{P}$$

$$x_2 = \frac{RT}{F} \, L \, \frac{h_2}{P}$$

$$x_3 = \frac{U - V}{U + V} \, \frac{RT}{F} \, L \, \frac{h_1}{h_2} \; .$$

En remplaçant x_1, x_2 et x_3 par ces valeurs dans la relation (29), cette relation devient :

$$x = \frac{RT}{F} \, L \, \frac{h_1}{P} - \frac{RT}{F} \, L \, \frac{h_2}{P} - \frac{U - V}{U + V} \, \frac{RT}{F} \, L \, \frac{h_1}{h_2}$$

ou

$$x = \frac{RT}{F} \times \frac{2V}{U + V} \times L \, \frac{h_1}{h_2} \; .$$

---

1. On doit écrire — x_3 puisque, comme l'indique la dernière formule du n° 64, le signe de x_3 est le même que celui de la quantité $U - V$ et que d'après ce qui a été exposé ci-dessus, la force électromotrice x_3 s'ajoute à la force électromotrice x_1 si $U - V < 0$ et s'en retranche si $U - V > 0$.

B. **Pile constituée par deux métaux différents plongeant chacun dans une solution d'un de ses sels. —**
1° *Fonctionnement.* — Supposons par exemple que le système formé par l'électrode 1 et la solution de gauche

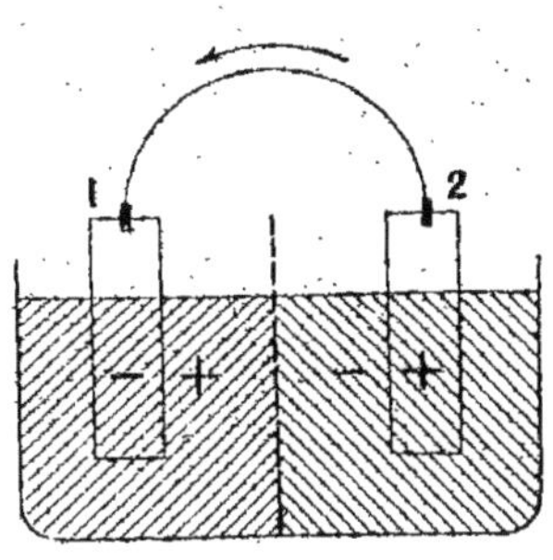

Fig. 20.

appartienne au 1er cas exposé au n° 65 et que le système formé par l'électrode 2 et la solution de droite appartienne au 3e cas. On voit alors immédiatement que les deux forces électromotrices de contact agissent dans le même sens. L'électrode 1 se dissout et l'électrode 2 s'épaissit. Enfin, l'électrode 2 étant positive et l'électrode 1 négative, le courant se dirige dans le circuit extérieur de 2 vers 1.

2° *Force électromotrice.* — On néglige ordinairement la force électromotrice de contact entre les solutions.

Soient :

P_1 et h_1, les valeurs de P et de h dans le système de gauche ;

P_2 et h_2, les valeurs de P et h dans le système de droite ;

v_1 la valence du métal constituant l'électrode 1 ;

v_2 la valence du métal constituant l'électrode 2 ;

x_1, x_2 et x, les mêmes grandeurs que précédemment.

---

1. Pour plus de simplicité, nous considérons ici les forces électromotrices x_1 et x_2 uniquement en valeur absolue, c'est-à-dire sans tenir compte de la convention indiquée dans la remarque II du n° 65.

D'après ce qui précède, on a [1] dans l'exemple qui nous occupe :

$$x = x_1 + x_2.$$

Or

$$x_1 = \frac{RT}{v_1 F} L \frac{P_1}{h_1}$$

et

$$x_2 = \frac{RT}{v_2 F} L \frac{h_2}{P_2}.$$

Donc :

$$x = \frac{RT}{v_1 F} L \frac{P_1}{h_1} + \frac{RT}{v_2 F} L \frac{h_2}{P_2}.$$

C. **Piles à gaz.** — Leur principe est analogue à celui des piles que nous venons d'étudier.

III. — MESURE DES FORCES ÉLECTROMOTRICES DE CONTACT

68. PRINCIPE DE LA MESURE. — Soit par exemple à mesurer la force électromotrice de contact entre un métal et un électrolyte. On associera au système considéré un autre système incomplet de façon que l'ensemble constitue une pile. Le système adjoint, ordinairement appelé *électrode de comparaison*, devra en principe avoir une force électromotrice exactement connue. On mesurera alors la force électromotrice totale de la pile ainsi constituée et la force électromotrice du système étudié se déduira immédiatement.

69. ELECTRODES DE COMPARAISON. — Les électrodes de comparaison ordinairement employées sont :
L'électrode normale à hydrogène de Nernst ;
L'électrode normale au calomel d'Ostwald.
Cette dernière est la plus recommandable.
Une électrode de comparaison comprend non seulement une électrode, mais toujours aussi une solution invariable en contact avec cette électrode ; l'appareil

peut contenir en outre une ou plusieurs autres solutions déterminées, interposées entre la solution précédente et celle du système étudié.

Ainsi l'électrode normale au calomel présente la disposition schématique suivante :

Hg	HgCl solution saturée	KCl 1 molécule-gramme par litre (ou de préférence $\frac{1}{10}$ de moléc. gr. par litre.)

Si l'on associe cette électrode de comparaison avec le système étudié, on a :

Hg	HgCl solut. sat.	KCl 1 moléc. gr. p. litre (ou de préf. $\frac{1}{10}$ m. gr. p. l.)	Solution d'un sel du métal M	M

Les mesures de forces électromotrices de contact n'étant presque jamais effectuées dans l'industrie nous n'insisterons pas davantage sur ces appareils.

70. Force électromotrice totale de la pile. — On la déterminera par la méthode classique dite d'opposition.

71. Piles étalons. — On sait que la méthode d'opposition exige l'emploi d'une pile de force électromotrice exactement connue. Les piles étalons ordinairement employées sont :

La pile Gouy;

La pile Latimer-Clark;

La pile Weston.

Cette dernière est la plus recommandable.

IV. — VALEUR DES FORCES ÉLECTROMOTRICES DE CONTACT

Nous ne nous occuperons pas des forces électromotrices de contact entre deux électrolytes, car elles sont toujours très faibles.

72. RENSEIGNEMENTS DIVERS. — 1° Très souvent *on convient* de considérer comme nulle la force électromotrice de l'électrode de comparaison employée. Alors, la valeur de la force électromotrice trouvée pour le contact étudié doit être accompagnée de l'indication de l'électrode de comparaison dont il a été fait usage. Cette indication est essentielle car les forces électromotrices des diverses électrodes de comparaison diffèrent très notablement les unes des autres.

2° Lorsque dans la pile :

métal-solution — électrode de comparaison,

le courant passera à travers le contact étudié de la solution au métal, nous conviendrons[1] de considérer la force électromotrice de contact comme positive. (Remarquons que dans le fonctionnement que nous venons de supposer le métal joue le rôle d'électrode positive). — La force électromotrice de contact sera considérée comme négative dans le cas contraire.

3° Lorsqu'à une électrode normale à hydrogène dont on considère la force électromotrice comme nulle, on associe une électrode au calomel, on trouve pour la force électromotrice de cette dernière :

$$+ 0,284 \text{ volts}$$

si la solution de chlorure de potassium contient une

---

1. La convention contraire est fréquemment usitée. Mais, celle que nous indiquons ici paraît prévaloir et c'est d'ailleurs la plus naturelle.

moléule-gramme de ce corps par litre (solution normale[1])

et $+ 0.337$ volts

si la solution de chlorure de potassium contient $\frac{1}{10}$ de
molécule-gramme de ce corps par litre (solution décinormale[2]).

Sachant cela, il est facile de passer de la valeur d'une
force électromotrice quelconque rapportée à l'une des
deux électrodes de comparaison, à la valeur de cette
même force électromotrice rapportée à l'autre électrode.

Supposons par exemple que la valeur d'une force
électromotrice rapportée à l'électrode au calomel (avec
KCl en solution normale) soit :

$$+ 0,105 \text{ v.}$$

La valeur de cette même force électromotrice rapportée à l'électrode à l'hydrogène sera :

$$+ 0,105 \text{ v.} + 0,284 \text{ v.} = + 0,389 \text{ v.}$$

comme le montre le schéma ci-contre, page 121.

De même, une force électromotrice qui rapportée à
l'électrode au calomel (avec KCl en solution normale) a
pour valeur

$$- 1,36 \text{ v.}$$

aura comme valeur relative à l'électrode à l'hydrogène :

$$- 1,36 \text{ v.} + 0,284 \text{ v.} = - 1,076 \text{ v.}$$

comme le montre le même schéma.

---

1. On appelle *solution normale* ou solution *uni-équivalente* d'un corps
celle qui contient par litre 1 équivalent-gramme de ce corps.
   KCl étant constitué par deux atomes monovalents, la molécule-
gramme est ici égale à l'équivalent-gramme.

2. D'une façon générale, une solution décinormale d'un corps renferme par litre $\frac{1}{10}$ d'équivalent-gramme de ce corps.

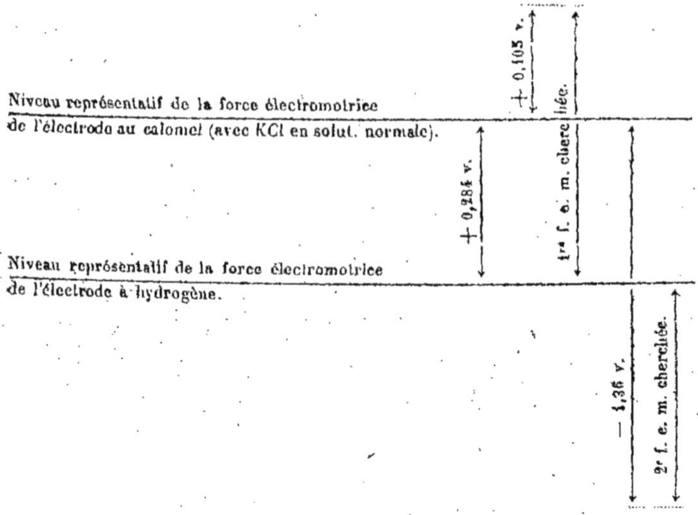

4° D'après des expériences contestées, la force électromotrice absolue de l'électrode au calomel (avec KCl en solution normale) serait :

$$+ \ 0,56 \ \text{volts.}$$

Certaines tables tiennent compte de ce nombre et donnent alors pour les forces électromotrices, des valeurs présentées souvent comme absolues et qui se relient immédiatement aux valeurs expérimentales comme le montre le schéma ci-dessous.

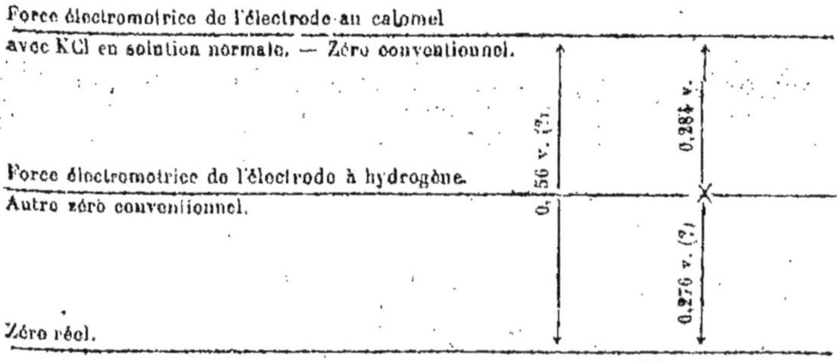

73. Usage des tables de forces électromotrices. — Soit à calculer d'après les tables la force électromotrice d'une pile. Supposons qu'on ne tienne pas compte de la force électromotrice de contact entre les deux solutions. Alors *quelles que soient les conventions adoptées pour l'établissement de la table, la valeur absolue de la force électromotrice de la pile s'obtiendra en faisant la différence algébrique des forces électromotrices de contact relatives à chaque électrode.*

En effet, quelle que soit la convention adoptée pour le signe des forces électromotrices, cette convention sera la même pour les deux contacts. Or ces contacts sont traversés en sens inverses par le courant. Les deux forces électromotrices se retrancheront donc algébriquement l'une de l'autre (bien que concrètement elles puissent s'additionner). D'autre part, il est évident que la différence algébrique de ces deux grandeurs sera indépendante de la position choisie pour le zéro. La règle énoncée ci-dessus est donc bien justifiée.

Soit par exemple à calculer la force électromotrice de la pile Daniell :

Zn		SO^4Zn (solution normale)		SO^4Cu (solution normale)		Cu

Avec l'électrode à hydrogène, on a[1] : (Convention faite au n° 72, 2°).

Zn/SO^4Zn		— 0,765 v.
Cu/SO^4Cu		+ 0,335 v.

Avec l'électrode au calomel :

Zn/SO^4Zn		— 1,049 v.
Cu/SO^4Cu		+ 0,051 v.

---

1. Ces valeurs varient couramment de 0,01 v. et même davantage suivant les tables.

Une table de valeurs absolues (?) donne :

$$Zn/SO^4Zn \qquad\qquad\qquad -\ 0{,}479\ v.$$
$$Cu/SO^4Cu \qquad\qquad\qquad +\ 0{,}611\ v.$$

D'après la règle énoncée ci-dessus, on aura pour la force électromotrice de la pile :

$$0{,}335\ v. - (-\ 0{,}765\ v.) = 1{,}1\ v.$$
ou
$$0{,}051\ v. - (-\ 1{,}049\ v.) = 1{,}1\ v.$$
ou
$$0{,}611\ v. - (-\ 0{,}489\ v.) = 1{,}1\ v.$$

Souvent, les tables ne donnent que la force électromotrice de contact entre le métal et une solution normale d'un sel de ce métal. Si la concentration est notablement différente, la valeur de cette force électromotrice devra être modifiée.

Considérons la dernière formule du n° 65 :

$$x = \frac{RT}{vF}\ L\ \frac{h}{P}\ .$$

Supposons que h corresponde à une concentration normale et que x soit donné par la table.

Lorsque la concentration de la solution deviendra égale à K fois la concentration normale, la nouvelle valeur de la force électromotrice sera :

$$x' = \frac{RT}{vF}\ L\ \frac{Kh}{P} = \frac{RT}{vF}\ L\ \frac{h}{P} + \frac{RT}{vF}\ LK = x + \frac{RT}{vF}\ LK.$$

74. Série des tensions. — Il est intéressant de dresser le tableau des forces électromotrices de contact qui prennent naissance entre les différents éléments et les solutions aqueuses uni-équivalentes de leurs ions, ces forces électromotrices étant rangées par ordre de grandeur.

Le tableau que nous donnons ci-dessous est rapporté

à l'électrode normale à hydrogène. Les forces électro-motrices entre parenthèses ont été calculées par la thermodynamique.

K	(— 3,2) volts.		H	0 volts.
Na	(— 2,8) —		As	+ 0,29 —
Ba	(— 2,8) —		Cu	+ 0,335 —
Ca	(— 2,6) —		Bi	+ 0,39 —
Mg	— 1,55 —		Sb	+ 0,47 —
Al	— 1,28 —		Ag	+ 0,79 —
Mn	— 1,07 —		Hg	+ 0,81 —
Zn	— 0,765 —		Pt	+ 0,86 —
Cd	— 0,41 —		Au	+ 1,2 —
Fe	— 0,39 —			
Co	— 0,26 —		I	+ 0,52 volts.
Ni	— 0,22 —		Br	+ 0,99 —
Sn	— 0,15 —		O	+ 1,12 —
Pb	— 0,13 —		Cl	+ 1,38 —
			F	(+ 1,96) —

On voit immédiatement que ce tableau présente d'une façon assez remarquable un classement des éléments qui serait basé sur la nature et la grandeur de leur activité chimique.

Le tableau que nous venons de former est ordinairement appelé *série des tensions*. Quant aux forces électromotrices de contact prenant naissance entre les éléments et les solutions aqueuses uni-équivalentes de leurs ions, on leur donne le nom de *potentiels électrolytiques normaux*. (D'une façon générale, on appelle *potentiel électrolytique* la force électromotrice de contact entre un élément et une solution.)

CHAPITRE VII

DÉCOMPOSITION ÉLECTROLYTIQUE
ET POLARISATION

75. Application de la règle de Thomson a la décomposition électrolytique. — Nous avons dit que les piles étaient des appareils dans lesquels de l'énergie chimique était transformée en énergie électrique. Dans l'électrolyse, on transforme au contraire de l'énergie électrique en énergie chimique. Le principe de la conservation de l'énergie nous permettra alors de calculer la force électromotrice minimum qu'il est nécessaire d'employer pour pouvoir décomposer un électrolyte donné et nous retrouverons évidemment la relation de Thomson.

Soient en effet :

F et J les mêmes grandeurs que précédemment ;

q la quantité de chaleur qui serait dégagée par les transformations chimiques inverses de celles que produit le passage de F $= 96\,570$ coulombs pendant l'électrolyse ;

x la force électromotrice minimum qu'il est nécessaire d'employer pour pouvoir décomposer l'électrolyte.

Le principe de la conservation de l'énergie impose évidemment l'égalité du travail électrique et du travail chimique, c'est-à-dire que l'on a :

$$Fx = Jq$$

d'où
$$x = \frac{Jq}{F} = \frac{4190\,q}{96\,570} = 0,0434\,q.$$

Remarque. — On met quelquefois cette relation sous une forme un peu différente. Désignons par :

q' la quantité de chaleur qui serait dégagée par les transformations chimiques inverses de celles que produit l'électrolyse d'un molécule-gramme de la substance dissoute ;

n le nombre total de valences qui dans une molécule de cette substance unissent l'ion ou les ions électropositifs à l'ion ou aux ions électronégatifs.

On a (d'après la loi de Faraday) :

$$q = \frac{q'}{n}$$

et la relation précédente peut alors s'écrire :

$$x = 0,0434\,\frac{q'}{n} \qquad (30)$$

Exemples d'application.

1. — Quelle force électromotrice minimum est-il nécessaire d'employer pour décomposer une solution étendue d'acide sulfurique dans l'eau ?

La suite des transformations chimiques est :

$$SO^4H^2 = SO^4 + H^2$$
$$SO^4 = SO^3 + O$$
$$SO^3 + H^2O \text{ liquide} = SO^4H^2.$$

En additionnant membre à membre et en simplifiant, on voit que la modification chimique résultant de l'électrolyse se réduit à :

$$H^2O \text{ liquide} = H^2 + O$$

Or on a :

$$H^2 + O = H^2O \text{ liquide} + 69 \text{ c.}$$

et ici $n = 2$.

La formule (30) donne alors :

$$x = 0,0434 \times \frac{69}{2} = 1,497 \text{ v.}$$

II. — Quelle force électromotrice minimum est-il nécessaire d'employer pour décomposer une solution aqueuse de sulfate de cuivre en utilisant une anode en cuivre ?

La suite des transformations chimiques est :

SO⁴Cu dissous $=$ SO⁴ + Cu (qui se dépose sur la cathode).

SO⁴ + Cu (de l'anode) $=$ SO⁴Cu (qui se dissout dans le bain).

L'effet résultant du courant est simplement de transporter du cuivre de l'anode à la cathode. Le travail chimique est évidemment nul et par suite on a :

$$x = 0.$$

III. — Quelle force électromotrice est-il nécessaire d'employer pour décomposer une solution aqueuse de chlorure de sodium ?

La suite des transformations chimiques sera :

$$NaCl \text{ dissous} = Na + Cl$$

$$Na + H^2O = NaOH \text{ dissous} + H$$

Or les tables de thermochimie donnent :

$$Na + Cl + Aq = NaCl \text{ dissous} + 96,7 \text{ c.}$$

et $\qquad Na + H^2O = NaOH \text{ dissous} + H + 43 \text{ c.}$

d'où $\qquad NaOH \text{ dissous} + H = Na + H^2O - 43 \text{ c.}$

La quantité de chaleur dégagée par les transformations chimiques inverses de celles que produit l'électrolyse sera donc :

$$q = 96{,}7 \text{ c.} - 43 \text{ c.}$$

et d'après la règle de Thomson, on a alors :

$$x = 0{,}0434 \times \frac{(96{,}7 - 43)}{1} = 2{,}33 \text{ v.}$$

Remarque I. — De même que pour les piles, la règle de Thomson appliquée à la décomposition électrolytique ne donne en général que des résultats approximatifs.

Remarque II. — La règle de Thomson ne s'applique même approximativement qu'à la décomposition de l'électrolyte en quantité sensible. Nous verrons bientôt le sens et la raison de cette restriction.

La force électromotrice minimum x qu'il est nécessaire d'employer pour pouvoir décomposer la substance en quantité sensible porte le nom de *tension de décomposition électrolytique.*

76. APPLICATION DE LA FORMULE DE HELMHOLTZ A LA DÉCOMPOSITION ÉLECTROLYTIQUE. — La formule de Helmholtz est rigoureusement applicable à condition que le fonctionnement du voltamètre soit parfaitement réversible (voir n° 80).

77. POTENTIELS DE DÉCHARGE. — Dans un voltamètre en fonctionnement, considérons l'une des électrodes et admettons pour simplifier qu'il ne s'y produise aucune réaction secondaire. Le corps déposé ou dégagé entoure cette électrode ; or ce corps possède une certaine tension électrolytique de dissolution P. Supposons momentanément qu'on ne fasse agir entre l'électrode et l'électrolyte aucune force électromotrice. Le sens du déplacement d'un ion situé auprès de la surface de contact sera déterminé, d'après la théorie exposée au n° 65 A, par le signe de P — h (h représentant la pression osmotique des ions considérés dans l'électrolyte). On sait que si l'on a :

$$h > P$$

les ions de la solution tendront à se déposer sur l'électrode et que si l'on a :

$$P > h$$

le corps libéré tendra au contraire à passer de nouveau à l'état d'ions.

Si maintenant on fait agir une force électromotrice extérieure (que nous désignerons par V) entre l'électrode et l'électrolyte, cette force électromotrice influera évidemment aussi sur le sens du déplacement éventuel des ions ; si elle a un sens tel qu'elle tende à produire l'électrolyse, son action s'ajoutera à celle de la pression osmotique h, tandis que la tension électrolytique de dissolution P agira en sens contraire.

La condition pour que les ions puissent continuer à se déposer sur l'électrode considérée sera alors :

Action de la pression osmotique de l'ion + force électromotrice que l'on fait agir entre l'électrode et l'électrolyte >. Action de la tension électrolytique de dissolution.

Pour utiliser cette relation, il faut évidemment exprimer les deux « actions » dont il est question, de façon qu'elles soient homogènes à une force électromotrice.

Or, la dernière formule du n° 65 :

$$x = \frac{RT}{vF} \, L \, \frac{h}{P} \, ,$$

peut encore s'écrire :

$$x = \frac{RT}{vF} \, Lh - \frac{RT}{vF} \, LP.$$

Le sens dans lequel s'effectue l'échange des ions lorsqu'on met le corps en contact avec l'électrolyte est lié au signe de x et l'on sait que x représente une force électromotrice. Les deux termes du second membre sont alors évidemment les expressions cherchées des « actions » dont il est question ci-dessus et la condition imprimée en italiques peut s'écrire :

$$\frac{RT}{vF} \, Lh + V > \frac{RT}{vF} \, LP$$

d'où
$$V > \frac{RT}{vF} \, L \, \frac{P}{h} \tag{31}$$

La valeur minimum de V donnée par cette formule sera *en principe* (et dans le cas où il n'y a pas de réaction secondaire) le potentiel de décharge de l'ion considéré. D'après ce qui a été exposé plus haut et *d'une façon tout à fait générale, on peut dire que le potentiel de décharge d'un ion*[1] *est la force électromotrice minimum qu'il est nécessaire de faire agir entre l'électrode employée et l'électrolyte, pour continuer à déposer sur cette électrode l'ion considéré après que sa libération vient déjà d'avoir lieu en quantité sensible.*

La formule (31) nous montre qu'en principe (et dans

---

1. On dit encore quelquefois *tension de décomposition électrolytique de l'ion*; cette expression s'explique par le fait que l'on considère souvent les ions comme des combinaisons de matière ordinaire et d'électricité.

le cas où il n'y a pas de réaction secondaire), le potentiel de décharge d'un ion est égal *en valeur absolue* au potentiel électrolytique (voir n° 74) qui prend naissance entre cet ion déchargé et l'électrolyte. (La valeur absolue du potentiel de décharge devant alors être supérieure à celle du potentiel électrolytique d'une quantité aussi petite que l'on veut, il y a évidemment égalité à la limite).

L'expérience confirme souvent cette prévision. Mais, il existe des cas dans lesquels la valeur absolue du potentiel de décharge d'un ion est très notablement supérieure à celle du potentiel électrolytique correspondant, bien qu'il ne se produise pas de réaction secondaire. A l'heure actuelle, l'explication de ce fait est encore incertaine.

Remarque. — La théorie qui précède nous conduit à concevoir le potentiel de décharge comme étant la force électromotrice qu'il faut faire agir pour équilibrer et dépasser la force contre-électromotrice provenant en principe de la présence, sur l'électrode considérée, d'une partie des produits de la décomposition antérieure et pour pouvoir ainsi continuer à faire passer le courant dans le sens voulu (électrolyse). Cette conception est par exemple toute naturelle lorsque le potentiel de décharge du corps qui se dépose est égal à son potentiel électrolytique changé de signe [formule (31)]. La même conception reste justifiée dans le cas où il se produit des réactions secondaires.

78. RÉVERSIBILITÉ. SURTENSION ÉLECTROLYTIQUE. — Dans le cas où il ne se produit pas de réactions secondaires, le fonctionnement du système électrode-solution sera

réversible si le potentiel de décharge de l'ion considéré est égal en valeur absolue au potentiel électrolytique correspondant.

D'une façon plus générale, il y aura réversibilité si le système fonctionnant comme élément de pile, après que l'électrolyse vient d'avoir lieu en quantité sensible, donne [1] une force électromotrice égale en valeur absolue au potentiel de décharge de l'ion qui se dépose pendant le fonctionnement inverse.

Lorsqu'il n'y a pas réversibilité, on appelle *surtension électrolytique* l'excès de la valeur absolue du potentiel de décharge sur la valeur absolue de la force électromotrice de sens contraire qui serait mise en évidence si, après électrolyse en quantité sensible, on faisait fonctionner le système comme élément de pile [2], [3].

Il paraît n'y avoir surtension électrolytique que dans les cas où l'électrolyse détermine le dégagement d'un gaz au pôle considéré.

Signalons que la nature et l'état physique de l'électrode employée influent considérablement sur la surtension, même lorsque cette électrode est inattaquable.

1. Ne serait-ce que pendant un temps très court.

2. Remarquons bien qu'il ne s'agit pas ici de la force contre-électromotrice pendant l'électrolyse, cette force contre-électromotrice étant évidemment égale en valeur absolue au potentiel de décharge. On peut d'ailleurs écrire :

Force contre-électromotrice pendant l'électrolyse = *Force électromotrice dans le fonctionnement inverse* + *Surtension électrolytique.*

La force contre-électromotrice qui résulte de la surtension électrolytique disparaît donc instantanément dès que l'électrolyse cesse.

3. Quand la décharge de l'ion considéré s'accompagne de réactions secondaires, l'existence d'une surtension peut s'expliquer facilement par le fait que ces réactions ne sont pas réversibles. Tel serait par exemple le cas pour la décharge d'ions ne pouvant pas exister à l'état libre. Mais l'explication de la surtension est beaucoup moins aisée quand il ne se produit pas de réaction secondaire. Les diverses théories émises à ce sujet n'étant guère satisfaisantes, nous ne les exposerons pas ici.

79. Nouvelle expression de la tension de décomposition électrolytique. — Nous savons que la libération d'ions à une seule électrode est impossible. (Voir la Remarque II du nᵒ 35) ; la libération des anions et celle des cations doivent au contraire être simultanées. Par suite, pour que l'électrolyse puisse être effectuée, il faut que les conditions de décharge anodique et cathodique soient l'une et l'autre satisfaites. Donc, *la force électromotrice totale employée pour produire la décomposition doit être supérieure ou au moins égale à la somme des potentiels de décharge de l'anion et du cation.*

D'après ce qui a été dit à la Remarque du nᵒ 77, on voit en fin de compte que *l'existence d'une force électromotrice minimum nécessaire pour accomplir une électrolyse résulte de l'apparition de forces contre-électromotrices provenant, en principe, de la présence sur les électrodes d'une partie des produits de la décomposition.*

Nous réfuterons au nᵒ 81 une objection importante que cette théorie conduit immédiatement à formuler.

80. Réversibilité du fonctionnement d'un voltamètre. Surtension électrolytique totale. — Le fonctionnement d'un voltamètre sera réversible si le fonctionnement de chaque système électrode-solution est lui-même réversible. Alors, l'application aux bornes d'une force électromotrice à peine supérieure à la tension électrolytique de décomposition fera fonctionner l'appareil comme voltamètre et l'application d'une force électromotrice à peine inférieure le laissera fonctionner comme pile avec changement du sens du courant et production des transformations chimiques inverses.

Lorsque le fonctionnement de l'appareil n'est pas réversible, on appelle *surtension électrolytique totale* l'excès de la valeur absolue de la tension de décomposition électrolytique sur la valeur absolue de la force électromotrice de la pile qui serait constituée par le voltamètre, après que la décomposition vient d'avoir lieu en quantité sensible.

Il est évident que la surtension électrolytique totale pourra être due à l'une des deux électrodes plutôt qu'à l'autre.

81. Décomposition électrolytique en quantités insensibles. — La dernière phrase imprimée en italiques au n° 79 conduit évidemment à penser que tout au début de l'électrolyse, alors que le courant commence seulement à passer, les forces contre-électromotrices dont il est question sont nulles puisqu'aucun corps n'est déposé sur les électrodes et que par suite l'électrolyse peut être effectuée avec une force électromotrice très voisine de zéro.

Une difficulté surgit immédiatement : l'électrolyse ainsi produite paraît être en contradiction avec le principe de la conservation de l'énergie puisqu'il semble que pendant un temps très court, on pourrait avec une dépense presque nulle d'énergie électrique produire un travail chimique plus considérable (voir règle de Thomson, n° 75). Il n'y a là qu'une apparence. En effet, pendant ce début très court de l'électrolyse, les produits de la décomposition ne sont pas *effectivement* libérés ; nous entendons par là que leur élimination est impossible dans les conditions de l'expérience [1]. L'électrolyse n'a donc pas ici pour effet de libérer les corps dans un tel état qu'ils puissent se recombiner en dégageant la quan-

---

1. Expérimentalement, la présence de ces corps ne peut d'ailleurs même pas être décelée, du moins directement.

tité ordinaire de chaleur chimique. Par suite, la théorie exposée ci-dessus n'est pas en contradiction avec le principe de la conservation de l'énergie.

82. POLARISATION. — La polarisation n'est autre chose que l'apparition de la force contre-électromotrice provenant de la présence sur les électrodes des produits de la décomposition.

Deux cas principaux pourront se présenter :

A. L'électrode considérée s'est recouverte d'un corps solide (généralement un métal).

B. L'électrode s'est recouverte d'une couche gazeuse.

Dans le premier cas on a un élément de pile ordinaire et dans le second cas un élément de pile à gaz.

D'autres phénomènes que l'on considère également comme appartenant à la polarisation pourront encore se produire. Nous savons par exemple (voir n° 44) qu'en général l'appauvrissement faradique se répartit inégalement entre les deux régions anodique et cathodique; il se formera ainsi une sorte de pile de concentration. De même, les réactions secondaires pourront produire des solutions autres que l'électrolyte primitif et des forces électromotrices de contact entre ces divers liquides prendront alors naissance.

Mais, en général, les cas A et B présentent seuls une véritable importance pratique.

83. POLARISATION DES ÉLECTRODES PAR UNE FORCE ÉLECTROMOTRICE INSUFFISANTE POUR PRODUIRE L'ÉLECTROLYSE EN QUANTITÉ SENSIBLE ET POLARISATION MAXIMUM. — Appliquons aux bornes d'un voltamètre polarisable une force électromotrice inférieure à la tension de décomposition électrolytique de la solution qu'il contient. Si l'on a préa-

lablement intercalé un galvanomètre dans le circuit, on constate que celui-ci est traversé par un courant qui cesse de passer au bout d'un temps très court[1]. Si l'on élève d'une certaine quantité la force électromotrice aux bornes, le courant reparaît et disparaît de nouveau au bout d'un instant. Un courant permanent ne s'établit que lorsqu'on a dépassé la tension de décomposition électrolytique.

On interprétait autrefois la première partie du phénomène en considérant le voltamètre comme un condensateur dont les armatures auraient été constituées par les électrodes et le diélectrique par l'électrolyte, ou encore comme un système de deux condensateurs (couches doubles électriques) associés en série. Le courant qui apparaît dans la première partie de l'expérience et qui cesse presque instantanément ne serait autre chose, d'après cette théorie, que le courant de charge établissant une différence de potentiel donnée entre les armatures du condensateur.

Cette ancienne conception est actuellement remplacée par la théorie chimique de la polarisation. Voyons alors comment les choses se passent dans le phénomène qui nous occupe :

Lorsqu'on applique aux bornes du voltamètre une force électromotrice inférieure à la tension de décomposition électrolytique, il y a d'abord décomposition en quantité insensible, ce qui explique le passage du courant. Mais dès que les corps résultant de cette décomposition produisent une force contre-électromotrice égale

1. En réalité, ce courant ne s'annule pas complètement ; il prend seulement une valeur très faible : c'est le *courant résiduel* dont l'existence s'explique par la dépolarisation résultant de la diffusion lente des produits de la décomposition dans la solution. (Voir la fin de ce qui est exposé ci-dessus).

à la force électromotrice appliquée aux bornes du voltamètre, le courant cesse de passer.

Remarquons que cette force contre-électromotrice est fonction des *concentrations* des corps déposés (qui seront en général des métaux ou des gaz), parce qu'elle est fonction de leur tension électrolytique de dissolution. Pour les gaz, cette conception est très naturelle, mais la notion de concentration d'un métal peut paraître bizarre. Cependant, diverses expériences ont montré que la tension électrolytique de dissolution d'un métal déposé en couche *extrêmement* mince n'était pas la même que celle de ce métal à l'état massif.

Augmentons d'une certaine quantité la force électromotrice appliquée aux bornes du voltamètre. Une nouvelle décomposition insensible se produira jusqu'à ce que les concentrations des corps déposés soient devenues telles que la force contre-électromotrice qui en résulte équilibre la force électromotrice appliquée aux bornes. Le passage du courant ne dure encore qu'un temps très court.

Enfin, si l'on continue à augmenter la force électromotrice aux bornes du voltamètre, il arrivera un moment où les corps déposés seront à l'état massif, c'est-à-dire auront atteint leur concentration ordinaire. A partir de ce moment, la force contre-électromotrice conservera en général la valeur maximum actuelle et l'électrolyse pourra se prolonger sans augmentation de la force électromotrice aux bornes qui est alors égale à la tension de décomposition électrolytique.

Remarque. — Si au cours de la première partie[1] de

1. Le même phénomène aurait évidemment lieu *a fortiori* lorsque la polarisation maximum a été atteinte. On sait d'ailleurs que la produc-

l'expérience on supprime la force électromotrice agissant aux électrodes et si l'on ferme de nouveau le circuit, on constate que le galvanomètre est dévié dans un sens inverse du précédent. On expliquait autrefois ce phénomène par la décharge du condensateur électrolytique. D'après la théorie chimique de la polarisation, nous dirons maintenant que ce courant inverse provient de la force contre-électromotrice résultant de la présence des produits de la décomposition.

Points de transformation. — On peut suivre expérimentalement la marche de la polarisation de chaque électrode considérée séparément, en constituant celle qu'on veut étudier par une pointe très petite, l'autre électrode étant au contraire formée par une lame de grande surface en platine platiné. Dans ces conditions, si l'on élève graduellement la tension aux bornes du voltamètre; la polarisation de la petite électrode augmente bien plus rapidement que celle de la grande.

Intercalons un galvanomètre dans le circuit et faisons croître la tension aux bornes à partir de zéro. La décomposition en quantités insensibles est indiquée par ce galvanomètre comme il a été dit précédemment. Or, dans beaucoup de cas, il accuse à partir de diverses tensions déterminées, d'assez brusques augmentations de l'électrolyse, ce qui décèle l'apparition de nouveaux états de polarisation de la petite électrode. Les tensions à partir desquelles ces augmentations d'électrolyse se

lion d'un courant inverse par un voltamètre polarisé est le principe même des accumulateurs. — Remarquons en passant que dans les accumulateurs ordinaires au plomb, une tension de polarisation de 1,85 v. environ apparaît de façon pratiquement instantanée, mais que la tension de polarisation maximum (2,5 v. environ) n'est atteinte qu'au bout d'un temps assez considérable.

produisent définissent ce qu'on appelle les points de transformation.

On admet que chacun de ces points caractérise un phénomène électrolytique particulier. Par exemple, l'électrolyse d'une solution aqueuse d'acide sulfurique présente quatre[1] points de transformation anodiques qui indiqueraient les forces électromotrices pour lesquelles les ions $\overline{\overline{O}}$, $\overline{OH}$, $\overline{SO^4}$ et $S\overline{O^4}H$ peuvent se déposer d'une façon continue. La tension anodique de libération continue de l'ion $\overline{OH}$ serait le potentiel de décharge intervenant dans la tension de décomposition électrolytique de la solution considérée, car les ions $\overline{\overline{O}}$, n'étant déposés qu'en très faible quantité se redissoudraient dans le bain à mesure qu'ils sont libérés.

84. **Energie totale dépensée dans une électrolyse. Rendements.** — Désignons par :

E, la force électromotrice appliquée aux bornes d'un voltamètre ;

e, la tension de décomposition électrolytique ;

I, l'intensité du courant ;

R, la résistance de l'électrolyte ;

t, le temps pendant lequel on fait passer le courant.

On a évidemment :

Energie électrique dépensée = travail chimique + travail transformé en chaleur dans l'électrolyte.

c'est-à-dire :
$$EIt = eIt + RI^2t \qquad (32)$$

La relation précédente nous permet de calculer immé-

1. Le dernier de ces points de transformation ne s'observe bien qu'avec les solutions concentrées, les ions $\overline{SO^4}H$ étant très peu abondants en solution étendue.

diatement le *rendement chimique total* de l'opération.
On a en effet :

$$\text{Rendement chimique total} = \frac{\text{Travail chimique}}{\text{Énergie électrique dépensée}}$$

c'est-à-dire, en désignant ce rendement par ρ_1 :

$$\rho_1 = \frac{cIt}{EIt} = \frac{c}{E}$$

Or de la relation (32), on tire :

$$E = c + RI$$

et par suite on a :

$$\rho_1 = \frac{c}{c + RI} \cdot$$

Il est essentiel d'observer que le travail chimique
peut comprendre la libération de corps inutiles et que
par suite le rendement réel de l'électrolyse sera souvent
inférieur au rendement chimique total.

Le rapport :

$$\rho_2 = \frac{\text{travail chimique utile}}{\text{travail chimique total}}$$

est ordinairement appelé *rendement du courant*.

Quant au rapport :

$$\rho_3 = \frac{\text{travail chimique utile}}{\text{énergie électrique dépensée}}$$

on le nomme souvent *rendement de l'énergie* ou *rendement industriel*.

CONCLUSION

Comme on a pu s'en rendre compte, les théories de l'électrolyse — dont nous nous sommes borné à n'exposer que les plus essentielles — forment à l'heure actuelle un ensemble bien cohérent. Mais il y aurait quelque puérilité à les considérer comme définitives. Des faits nouveaux pourront évidemment surgir, qui obligeront à les modifier plus ou moins profondément. Cependant, on peut dire que ces théories conserveraient quand même une grande partie de leur valeur, puisqu'elles continueraient à expliquer de façon satisfaisante la majorité des faits connus. Elles resteraient quand même des instruments de prévision utilisables dans la plupart des cas et c'est cela seul qui nous importe. Que ces théories soient concrètement exactes ou non, que les ions par exemple soient des corps réels ou qu'ils ne soient que des symboles permettant une représentation simple de phénomènes complexes, cela est indifférent au point de vue du physicien tant que ces ions restent invisibles. A fortiori, ce point de vue sera celui de l'ingénieur.

TROISIÈME PARTIE

Électrochimie et électrométallurgie industrielles par voie humide.

CHAPITRE PREMIER

QUELQUES PRINCIPES GÉNÉRAUX D'APPLICATION

85. Décomposition pure et simple. — Elle n'aura presque jamais lieu.

86. Décomposition avec réactions secondaires.

A. **Conditions diverses pouvant influer sur ces réactions.** — 1° *Influences de la température et de la concentration.* — On ne peut pas donner de règle générale concernant l'influence de ces facteurs sur la nature des réactions qui se produiront. Quant à leur influence sur la vitesse des réactions et sur le déplacement des équilibres, elle a été étudiée dans la première partie.

2° *Influence de la densité de courant.* — L'élévation de la densité de courant a souvent pour effet de diminuer le rendement des réactions secondaires. Cela s'explique aisément par le fait que lorsque des ions sont libérés en grande quantité en un temps très court sur une surface trop petite, un certain nombre de ces ions peuvent se dégager dans l'air (s'ils sont gazeux) ou se décomposer (s'ils sont instables) avant d'avoir réagi sur la solution ou sur l'électrode.

3° *Emploi d'électrodes déterminant des surtensions.* — D'une façon générale, on peut dire que la surtension électrolytique (voir n° 78) augmente l'activité chimique de l'ion libéré à l'électrode où cette surtension a lieu.

Par exemple, l'emploi d'une cathode de plomb détermine une surtension assez considérable pour la décharge des ions $\overset{+}{H}$ et augmente l'activité réductrice de ces ions.

4° *Emploi de catalyseurs.* — Leur action sera souvent très importante. Le catalyseur pourra suivant les cas être ajouté dans la solution ou déposé sur les électrodes avant l'électrolyse.

B. **Principe général d'utilisation.** — D'une façon générale, on aura des oxydations au voisinage de l'anode et des réductions au voisinage de la cathode.

Ce principe est surtout utilisé pour la préparation électrochimique des composés organiques.

87. DÉPOLARISATION. — On appelle ainsi la diminution de la polarisation d'une électrode ou ce qui revient au même, la diminution du potentiel de décharge des ions sur cette électrode. La dépolarisation pourra être réalisée de deux façons différentes :

1° *Par addition de dépolarisants.* — On nomme ainsi des substances qui se combinent aux produits de la décomposition de l'électrolyte.

2° *Par agitation du bain.* — On sait que la diffusion produit déjà une légère dépolarisation. On pourra dans une certaine mesure augmenter cet effet en animant l'électrolyte d'un mouvement plus ou moins rapide qui, dans des cas convenables, empêchera l'accumulation des produits de la décomposition autour des électrodes.

88. DÉPÔT DES MÉTAUX.

A. **Principe général.** — Lorsqu'on électrolyse un sel avec une anode soluble du même métal, le courant a pour effet de transporter ce métal de l'anode à la cathode (voir n° 43 D). On emploiera alors comme cathode la pièce sur laquelle on veut produire le dépôt. Ce principe a reçu des applications industrielles très nombreuses telles que la galvanoplastie, le cuivrage, le nickelage, l'électrozingage, etc.

B. **Cas particuliers.** — 1° Lorsque l'objet sur lequel on veut produire le dépôt n'est pas conducteur, on lui donne une certaine conductibilité superficielle en le recouvrant d'une mince couche de plombagine additionnée au besoin d'argent pulvérulent ou de cuivre porphyrisé. Cette opération porte le nom de *métallisation*. Elle a principalement lieu en galvanoplastie.

2° Lorsque l'objet sur lequel on veut produire le dépôt est constitué par un métal qui déplace de ses sels le métal de l'électrolyte, l'opération n'est pas réalisable sans certaines précautions. Ce cas se présente par exemple lorsqu'on veut procéder au cuivrage du fer ; on sait en effet que le fer déplace le cuivre de ses sels en solution. Si l'on effectuait l'électrolyse dans les conditions ordinaires, le cuivre se déposerait sous forme de boue. On recouvre alors l'objet d'un vernis protecteur auquel on donne une certaine conductibilité superficielle par métallisation et c'est sur ce vernis qu'on produit le dépôt de cuivre.

Signalons qu'il est encore possible d'obtenir directement sur le fer un dépôt adhérent de cuivre, à condition d'opérer avec certains électrolytes particuliers (notamment le cyanure double de cuivre et de potassium [1]) et.

1. D'une façon générale, les sels cyanurés donnent des dépôts métalliques assez particuliers et remarquables par leur homogénéité exceptionnelle. Cette différence entre les dépôts donnés par les sels cyanurés

en employant une densité de courant extrêmement faible. Dès que ce dépôt a atteint une épaisseur suffisante pour protéger le fer, on enlève la pièce et l'on continue le cuivrage dans les conditions ordinaires (en solution acidulée de sulfate de cuivre et avec une densité de courant plus forte).

C. Influence des conditions dans lesquelles le dépôt est effectué[1]. — 1° *État de la surface à recouvrir.* — Pour qu'un dépôt métallique soit adhérent, il faut en général que la surface à recouvrir ait été préalablement dégraissée et décapée. Quelquefois le polissage de cette surface augmente l'adhérence du dépôt. (Ex. : Nickelage.)

2° *Acidité du bain.*

a) L'acidité augmente la conductivité du bain[2].

b) Lorsque le métal à déposer est placé après l'hydrogène dans la série des tensions (voir n° 74), l'acidité améliore généralement le rendement industriel (voir n° 84) de l'opération[3].

Au contraire l'acidité diminue le plus souvent ce rendement si le métal est placé avant l'hydrogène dans la série des tensions[4].

c) L'absence totale d'acide a souvent pour effet de donner un dépôt métallique souillé de l'oxyde du même métal.

d) L'excès d'acide provoque quelquefois le dépôt

---

et ceux fournis par les sels ordinaires s'explique par le fait que le métal déposé dans le premier cas provient en général d'un ion complexe au lieu de provenir d'un ion métallique simple.

1. Voir en outre les n°ˢ 112 et 113.

2. Voir la remarque du n° 55.

3. A cause de l'augmentation de la conductivité.

4. Voir l'explication de ce fait à la remarque II du n° 89.

d'une partie du sel dissous, et cela tout particulièrement sur l'anode.

c) Enfin, l'acidité influe en général considérablement sur l'aspect (brillant ou terne) du dépôt. Mais on ne peut pas donner de règle générale.

3° *Concentration du sel électrolysé.* — Cette concentration augmente la compacité du dépôt[1].

4° *Agitation du bain.* — Nous savons que l'appauvrissement faradique se localise dans le voisinage des électrodes. Il résulte de ce fait et de ce qui vient d'être dit au 3° que l'agitation du bain rendra le dépôt plus compact.

5° *Température.* — L'élévation de la température produisant un accroissement des vitesses de diffusion tendra aussi d'après ce qui précède à augmenter la compacité du dépôt.

6° *Densité de courant à la cathode*[2]. — Lorsque la densité du courant est considérable, le dépôt est ordinairement spongieux. Son adhérence est d'ailleurs assez faible. Lorsque le dépôt doit être très adhérent, c'est principalement au début de l'électrolyse qu'il faut opérer avec une petite densité de courant; cette précaution assure en outre la distribution régulière de ce dépôt sur la surface quand celle-ci présente des creux et des saillies.

7° *Présence de corps oxydants.* — En se combinant à

---

1. Parce que la libération des ions du métal se trouve facilitée par rapport à celle des ions $\overset{+}{H}$ de l'eau ou de l'acide ambiants. Voir n° 89, Remarques I et II.

2. Ce paragraphe 6° s'applique plus spécialement au dépôt des métaux qui sont placés après l'hydrogène dans la série des tensions. Quand le dépôt devient alors spongieux par suite de l'élévation de la densité de courant à la cathode, c'est à cause du dégagement d'hydrogène que cette élévation entraîne. (Voir la Remarque II du n° 89.)

l'hydrogène libéré à la cathode, ils pourront empêcher le dépôt métallique de devenir spongieux.

8° *Présence de colloïdes*. — Une solution est dite colloïdale lorsqu'elle renferme en suspension des particules extrêmement petites (dont le diamètre sera par exemple de l'ordre du dixième de micron). Ces particules sont appelées *granules* et leur ensemble constitue le colloïde. Lorsqu'on plonge dans la solution deux électrodes auxquelles on applique une force électromotrice suffisante, les granules se dirigent vers l'un des pôles et s'écartent de l'autre. Ce phénomène porte le nom de *cataphorèse*. On appelle colloïdes positifs ceux qui se dirigent vers la cathode et colloïdes négatifs ceux qui se dirigent vers l'anode ; il peut d'ailleurs arriver qu'un colloïde change de signe dans certains électrolytes.

L'expérience montre que la présence de colloïdes convenablement choisis peut modifier considérablement la texture du dépôt électrolytique d'un grand nombre de métaux. C'est ainsi qu'on a pu améliorer quelques dépôts par l'addition en proportion déterminée de réglisse, de gélatine, de tanin, etc., à l'électrolyte.

89. SÉPARATION ÉLECTROLYTIQUE DES MÉTAUX. — Considérons une solution contenant deux sels de métaux différents M_1 et M_2. Désignons par V_1 et V_2 les potentiels de décharge respectifs de ces métaux et supposons que V_1 soit plus petit que V_2.

Faisons agir une tension cathodique V telle que l'on ait :

$$V_1 < V < V_2.$$

Si au même moment la tension anodique permet la décharge d'anions, le métal M_1 se déposera sur la cathode puisque $V > V_1$ tandis que le métal M_2 ne pourra pas se déposer puisque $V < V_2$.

Tel est le principe de la séparation électrolytique des métaux.

Remarque I. — A mesure que le métal M_1 se raréfie dans la solution, la pression osmotique des ions de ce métal diminue et par suite, d'après ce qui a été exposé au n° 77, le potentiel de décharge V_1 s'élève.

Deux cas pourront alors se présenter :

1° Au moment où il n'y a plus de traces appréciables de M_1 dans la solution, on a encore :

$$V_1 < V_2.$$

Dans ce cas une séparation électrolytique *pratiquement* complète sera réalisable.

2° Alors qu'il existe encore une quantité appréciable de M_1 dans la solution, V_1 devient égal à V_2.

Dans ce cas, la séparation électrolytique complète ne pourra pas être obtenue, même approximativement.

Remarque II. — Si la solution électrolysée est alcaline ou neutre, le nombre d'ions $\overset{+}{H}$ présents dans cette solution sera négligeable[1]; mais si la solution est acide, le nombre d'ions $\overset{+}{H}$ sera considérable et au point de vue de la séparation électrolytique, ces ions se comporteront tout naturellement comme des cations métalliques. Par suite, lorsque le métal à déposer est placé après l'hydrogène dans la série des tensions (n° 74), il ne se produira pas de dégagement d'hydrogène, du moins en principe[2], tandis que si le métal à déposer est placé

---

1. Rappelons que l'eau est très faiblement dissociée en ions.

2. Si la densité de courant est considérable, l'appauvrissement faradique localisé dans le voisinage des électrodes est insuffisamment compensé par la diffusion; alors, par suite de la raréfaction autour de la cathode des ions du métal qu'on veut déposer, des ions $\overset{+}{H}$ pourront être libérés (voir la Remarque I précédente).

dans la série des tensions avant l'hydrogène, les ions $\overset{+}{H}$ seront libérés. (Nous supposons ici les concentrations normales et par suite la série des tensions valable telle qu'elle a été donnée; en outre, nous faisons abstraction des surtensions possibles, c'est-à-dire que nous admettons l'égalité en valeur absolue des potentiels de décharge et des potentiels électrolytiques correspondants.)

Le dépôt du métal pourra cependant se produire; on tiendra compte des faits suivants :

1° L'acidité du bain tend d'autant plus à empêcher le dépôt des métaux considérés que la teneur en acide est plus considérable (voir Remarque I).

2° La concentration du sel métallique facilite le dépôt du métal (voir Remarque I).

3° La libération cathodique des métaux ne réagissant pas sur l'eau est réversible ; au contraire, la décharge de l'ion $\overset{+}{H}$ exige une surtension considérable avec la plupart des électrodes (voir n° 78). (Ici, il faudra considérer l'électrode comme étant constituée par le métal déposé.)

4° Le dépôt du métal (situé comme il a été dit par rapport à l'hydrogène dans la série des tensions) sera favorisé par l'augmentation de la densité du courant [1].

Signalons, pour terminer, que le plus souvent, il se produit à la fois un dépôt de métal et un dégagement d'hydrogène.

Remarque III. — La séparation électrolytique des

---

[1]. D'une façon générale, on peut dire que l'augmentation de la densité de courant tend à libérer des ions qui en principe ne devraient pas se déposer par suite de la valeur élevée de leur potentiel de décharge. L'explication de ce fait a été donnée pour un cas particulier dans le renvoi précédent.

anions pourrait être réalisée d'après le même principe que celle des cations.

90. Extraction électrolytique des métaux de leurs minerais. — Pour effectuer cette extraction, on peut utiliser deux méthodes :

1° *Emploi du minerai comme anode soluble.* — Le métal (plus ou moins pur) se dépose alors à la cathode.

Pour que ce procédé soit applicable, il est indispensable que le minerai ait une conductibilité suffisante.

2° *Transformation chimique du minerai* permettant de le faire passer en solution et électrolyse de cette solution.

Remarque. — Dans l'extraction électrolytique des métaux, une élimination suffisante des impuretés des minerais n'est possible que dans certains cas particuliers. Cette remarque s'applique surtout à la méthode 1°, car dans la seconde méthode, certaines impuretés gênantes peuvent être éliminées lors de la transformation chimique qui permet de faire passer le minerai en solution.

91. Affinage électrolytique des métaux. — Cette question sera traitée sur un exemple au chapitre III.

92. Matériel employé dans l'électrolyse aqueuse industrielle.

1° **Cuves.** — Les cuves peuvent être construites en diverses matières dont les plus fréquemment employées sont :

Le ciment ou le béton armé (imperméabilisés souvent par une couche de paraffine recouvrant les faces intérieures).

Le fer ou la fonte (généralement protégés par une couche intérieure de ciment qui pourra lui-même être imperméabilisé comme il a été dit ci-dessus). On utilise encore le fer ou la fonte galvanisés.

Le bois intérieurement doublé de plomb.

Quelquefois l'ardoise (avec des joints en asphalte).

Assez rarement, le grès, le granit, la lave de Volvic.

Enfin, très exceptionnellement et pour les électrolyseurs de petites dimensions, on emploie la porcelaine ou le verre.

Afin d'éviter les pertes de courant dans la terre les cuves conductrices seront séparées du sol par des supports isolants.

2° Electrodes et dispositifs s'y rattachant. — Nous ne parlerons pas ici des anodes solubles dont on a vu précédemment la nature et le rôle, ni des cathodes de mercure qui seront étudiées au chapitre II.

Les autres électrodes industrielles sont ordinairement constituées par les substances suivantes :

Le carbone (presque toujours graphitisé). Ces électrodes et leur fabrication feront l'objet d'une étude assez détaillée aux n°8 128, 129 et 130. Nous nous bornerons ici à signaler que pour l'électrochimie aqueuse la graphitisation constitue un avantage très considérable. Elle augmente notablement la conductivité et plus encore l'inaltérabilité chimique des électrodes.

Le fer ou la fonte.

La magnétite artificielle. — C'est de l'oxyde magnétique de fer, Fe^3O^4, préparé au four électrique. — Ce corps a une conductivité supérieure à celle de la magnétite naturelle quoique moindre de celle du carbone (même non graphitisé). L'intérêt de l'emploi de la magnétite comme substance d'électrode réside dans l'inoxydabilité de ce corps. On ne l'utilise que comme anode.

Très exceptionnellement, le platine (quelquefois irridié). L'avantage capital du platine est qu'il présente à la fois une inaltérabilité chimique presque complète et une haute conductivité (très supérieure à celle du graphite). Par contre on sait que son prix déjà très élevé augmente constamment, ce qui en restreint de plus en plus l'emploi.

Lorsqu'on effectue l'extraction ou l'affinage électrolytiques d'un métal, la cathode peut être constituée par ce métal lui-même. Nous verrons au chapitre III qu'on se sert souvent de dispositifs particuliers permettant de donner au métal qui se dépose une forme directement utilisable.

En galvanoplastie, on emploie comme cathode un moule de l'objet à reproduire. Ce moule peut être constitué par un alliage très fusible lorsque l'objet est petit et que sa dépouille est très facile ; mais le plus souvent le moule est en gutta-percha ou en gélatine (cette dernière substance étant particulièrement employée lorsque le démoulage est difficile ou paraît impossible par suite d'un étranglement de l'objet à reproduire ; on utilise alors l'élasticité de la gélatine pour effectuer ce démoulage). La gutta-percha ou la gélatine sont rendues superficiellement conductrices par métallisation, comme il a été dit au n° 88 B 1°.

Lorsqu'il s'agit de recouvrir d'un métal déterminé un autre métal, on sait que ce dernier sert de cathode. Si le dépôt doit être produit sur un grand nombre de petites pièces, l'accrochage et le décrochage de tous ces objets prendraient un temps considérable. On en fait alors un das et celui-ci étant en communication avec le pôle négatif, le courant passe à travers toutes les pièces puisqu'elles sont toutes métalliques. Mais si ces pièces restaient immobiles, le dépôt ne se produirait pas aux endroits où elles se touchent. On est donc conduit à agiter constamment le tas et c'est là par exemple le principe du nickelage au tonneau. Dans ce procédé, les pièces à nickeler (généralement en fer) sont placées dans une sorte de panier tournant mis en communication avec le pôle négatif et plongeant dans l'électrolyte.

Revenons aux électrodes ordinaires et considérons-les maintenant au point de vue de leur montage. Elles peuvent alors se classer en électrodes *unipolaires* et en

Fig. 21.

électrodes *bipolaires*. Une électrode unipolaire est exclusivement soit anode, soit cathode, tandis qu'une électrode bipolaire joue le rôle d'anode par l'une de ses faces et le rôle de cathode par l'autre. Ce dernier fonctionnement s'explique immédiatement par l'examen de la figure 21 si l'on considère chaque compartiment tel que A comme un électrolyseur particulier ; tout se passe alors comme si l'on avait plusieurs électrolyseurs en série.

Les principaux avantages que ce dispositif présente sur le montage des électrodes en dérivation (ces électrodes étant alors unipolaires) sont :

Le fait qu'avec les électrodes bipolaires il n'y a de connexions qu'aux deux extrémités du système.

La possibilité d'employer des voltages élevés [1].

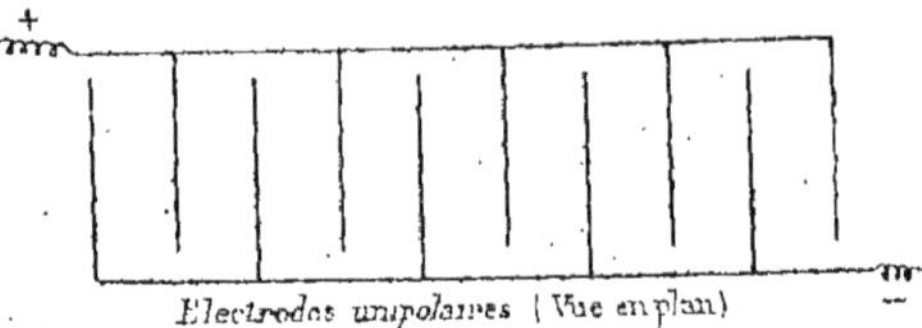

Fig. 22.

Remarquons que les électrodes bipolaires ne sont pas utilisables dans tous les cas.

3° **Diaphragmes.** — Leur rôle est de restreindre le plus possible les phénomènes de diffusion sans empêcher le passage du courant.

Les matières ordinairement employées pour la construction des diaphragmes sont :

La toile d'amiante ;

La porcelaine poreuse.

Le ciment poreux. — Ce dernier corps s'obtient souvent en mélangeant le ciment ordinaire avec des substances solubles (ou volatiles) dont on se débarrasse avant de mettre le diaphragme en service.

La résistance qu'oppose un diaphragme au passage du courant diminue progressivement pendant la première période de son emploi ; cette transformation est appelée *maturation*. Puis au bout d'un temps plus ou moins long, une transformation inverse se produit.

L'utilité des diaphragmes sera étudiée et discutée sur un exemple particulier au chapitre ii.

---

1. La tension entre deux électrodes consécutives étant alors la tension normale d'électrolyse.

4° **Sources de courant.** — On peut utiliser :

Les piles ;

Les accumulateurs ;

Les dynamos à basse tension.

Cette dernière source de courant est de beaucoup la plus recommandable.

93. CHOIX DU LIEU D'INSTALLATION DES USINES D'ÉLECTROCHIMIE ET D'ÉLECTROMÉTALLURGIE PAR VOIE HUMIDE. — Indépendamment des principes généraux communs à toutes les industries chimiques ou métallurgiques, il faudra tenir compte ici de certaines considérations particulières.

Lorsque le travail chimique total est considérable, l'énergie électrique dépensée le sera aussi et il faudra rechercher soit le voisinage des chutes d'eau soit celui des mines de houille.

On sera conduit *a fortiori* à la même conclusion lorsque l'opération électrochimique doit avoir lieu en solution chaude. (Tel est par exemple le cas pour la fabrication des chlorates). L'élévation de température s'obtiendra soit par l'effet Joule du courant, soit par un chauffage extérieur (soit quelquefois aussi par une réaction chimique accessoire).

Mais il arrive souvent que le travail chimique total soit nul (ou à peu près) et qu'on ne soit pas obligé d'opérer à chaud. Cela sera par exemple le cas dans la galvanoplastie, le cuivrage, le nickelage, l'électrozingage, l'affinage électrolytique du cuivre, etc. (Voir l'exemple II d'application de la règle de Thomson, au n° 75.) L'énergie électrique dépensée (voir n° 84) :

$$EIT = eIt + RI^2t$$

se réduit alors à :

$$EIt = RI^2t$$

et ce terme RI^2t qui représente le travail électrique transformé en chaleur dans l'électrolyte peut n'avoir qu'une importance minime si l'on s'arrange de façon que la valeur de R soit faible. Par suite, la considération du prix de l'énergie électrique devient ici secondaire, tandis que d'autres facteurs tels que la proximité des débouchés ou des matières premières passent au premier plan.

Enfin, lorsqu'on fabrique certaines solutions, le rendement de l'électrolyse ne peut être élevé que si la solution obtenue est étendue. (C'est ce qui a lieu par exemple dans la fabrication de la soude caustique). Il est alors indispensable de concentrer cette solution pour en faire un produit marchand. Dans ce cas, le voisinage des mines de houille est plus avantageux que celui des chutes d'eau.

Il n'entre pas dans le cadre que nous nous sommes tracé de faire l'étude des multiples industries qui utilisent l'électrolyse aqueuse. Nous nous bornerons à traiter deux cas particulièrement importants et intéressants :

L'électrolyse des sels halogénés des métaux alcalins. (Industries des alcalis et du chlore, des hypochlorites, des chlorates et des perchlorates.)

L'affinage électrolytique du cuivre.

CHAPITRE II

INDUSTRIES DES ALCALIS ET DU CHLORE,
DES HYPOCHLORITES,
DES CHLORATES ET DES PERCHLORATES

I. — ALCALIS ET CHLORE

94. PRINCIPE DE LA FABRICATION. DIFFICULTÉ. — Dans
cette industrie on électrolyse une dissolution d'un chlorure alcalin. Le chlore se dégage à l'anode tandis qu'à
la cathode, le sodium (ou le potassium) réagit sur l'eau
en donnant un alcali et un dégagement d'hydrogène.

En fait, une difficulté apparaît : il faut empêcher
l'alcali ainsi obtenu de réagir sur le chlore. Cet alcali
tend à se diffuser dans la solution jusqu'à l'anode. En
outre, il est situé dans le champ électrique créé par les
électrodes ; aussi les ions $\overline{OH}$ de la soude ou de la
potasse atteindront assez rapidement le pôle positif où
ils se combineront au chlore en donnant de l'acide
hypochloreux, d'après la réaction :

$$Cl + OH = ClOH.$$

Le rendement en alcali sera donc diminué (par suite
de la perte d'ions $\overline{OH}$), ainsi que le rendement en
chlore.

Enfin, l'acide hypochloreux se diffusera à son tour
et en rencontrant l'alcali formera un hypochlorite ce

qui réduira encore le rendement en soude ou en potasse.

Pour éviter ces diminutions de rendement, on a imaginé un grand nombre de dispositifs qui se classent naturellement en trois groupes :

Procédés avec diaphragme.

Procédés avec cathode de mercure.

Procédés par circulation.

95. LA QUESTION DU DIAPHRAGME. — Les procédés avec diaphragme ont été et sont encore assez répandus. Cependant, cet organe présente de multiples inconvénients :

1° Il augmente considérablement la résistance du bain. Or on sait que le rendement industriel d'une électrolyse est au plus égal au rendement chimique total (voir n° 84) et que celui-ci est donné par la formule :

$$\rho_1 = \frac{e}{e + RI}$$

La présence du diaphragme augmentant R aura donc pour effet de diminuer le rendement.

2° On ne connaît pas de diaphragme capable de bien résister à la fois à l'action du chlore et à celle des alcalis. Les diaphragmes silicatés sont ceux qui donnent les meilleurs résultats ; mais l'alcali les attaque lentement.

3° L'emploi d'un diaphragme est *partiellement* inefficace. En effet si la *diffusion* de l'alcali jusqu'à l'anode peut être presque complètement empêchée par le diaphragme, il n'en est pas de même de la *migration* des ions $\overline{OH}$ produite par l'action du champ électrique.

Le rendement du courant (n° 84) sera évidemment d'autant moins élevé que les ions $\overline{OH}$ prendront une part plus grande au transport électrique (n° 51). Ce

11

transport est effectué à la fois par les ions de l'alcali et par ceux du chlorure, ces deux électrolytes contribuant au transport électrique proportionnellement à leurs conductivités. Or dans les conditions industrielles, la conductivité de l'alcali augmente toujours avec sa concentration. On voit alors, d'après ce qui précède, que *pour avoir un rendement de courant suffisant, on sera contraint de ne pas laisser l'alcali atteindre une concentration élevée*; c'est évidemment là une nécessité qui, au point de vue économique est très défavorable.

Considérons maintenant l'alcali en faisant abstraction du chlorure ambiant. Nous savons que l'ion $\overline{OH}$ et l'ion métallique ont des nombres de transport différents dont la somme est égale à l'unité (l'alcali étant supposé seul). Or le nombre de transport du potassium dans la potasse caustique est plus grand que le nombre de transport du sodium dans la soude caustique. Il résulte évidemment de là que le nombre de transport de l'ion $\overline{OH}$ est plus petit dans le premier cas que dans le second. Par suite *le rendement en alcali sera plus élevé dans la fabrication de la potasse que dans la fabrication de la soude*. C'est bien ce que l'expérience confirme.

Enfin, le nombre de transport de l'ion $\overline{OH}$ est toujours plus grand que le nombre de transport de l'ion métallique; mais on a vu au n° 50 B que l'élévation de la température faisait tendre le nombre de transport d'un ion monovalent et monoatomique (ce qui est le cas de l'ion du métal alcalin) vers la valeur $\frac{1}{2}$. Il en est nécessairement de même du nombre de transport de l'ion $\overline{OH}$. Par suite, ce dernier nombre diminue et l'on peut dire *que le rendement du courant en alcali augmente à mesure que la température s'élève*.

96. EXEMPLE D'APPAREIL A DIAPHRAGME. ÉLECTROLYSEUR GRIESHEIM-ELEKTRON. — Dans cet électrolyseur les anodes A en magnétite[1] plongent dans des cuves B en ciment poreux servant de diaphragmes; ces cuves sont

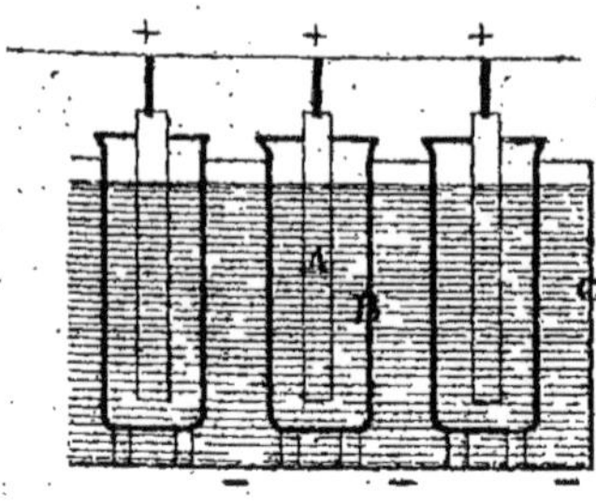
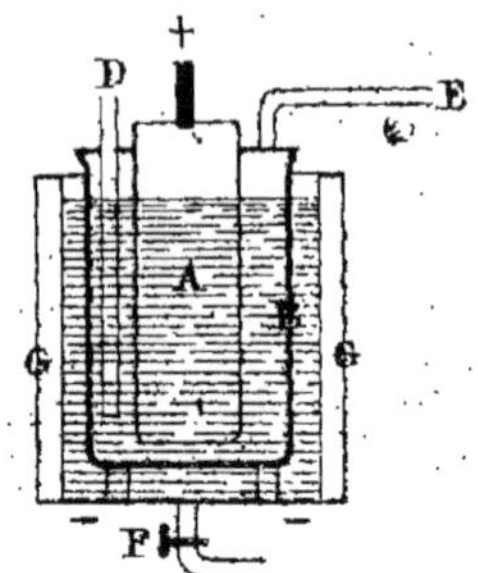

Fig. 23.

elles-mêmes placées dans un grand bac C en fer, formant cathode. L'alimentation en saumure se fait dans les compartiments anodiques par le tube D. Le chlore s'échappe par le tube E et l'alcali s'écoule par le robinet F. Un courant de vapeur à 90° circule à l'intérieur d'une double paroi G le long des faces latérales.

97. PROCÉDÉS AVEC CATHODE DE MERCURE. — Dans ces procédés, on empêche momentanément la formation de l'alcali grâce à l'emploi comme cathode d'une couche de mercure avec lequel le métal alcalin libéré s'amalgame. L'amalgame ainsi formé est généralement conduit hors de l'électrolyseur et on le décompose alors en présence de l'eau ce qui donne de l'alcali qui naturellement ne peut plus réagir sur le chlore. Le mercure

1. Pendant l'électrolyse, de l'oxygène se dégage à l'anode en même temps que le chlore. Si l'anode est en charbon, il se forme, par une sorte de combustion lente, de l'anhydride carbonique, nuisible dans plusieurs applications du chlore. De là l'emploi d'anodes en magnétite (voir n° 92, 2°).

purifié est utilisé de nouveau comme cathode et circule indéfiniment.

98. Exemple. Appareil Solvay. — Après ce qui vient d'être dit, la figure ci-dessous se suffit à elle-même.

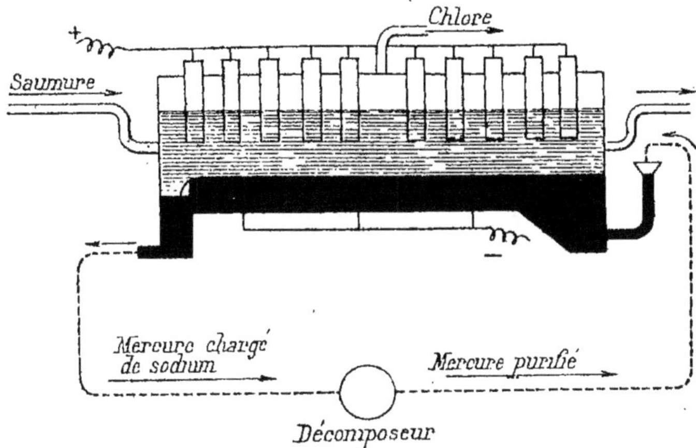

Fig. 24.

Indiquons seulement qu'on s'arrange de façon à ne mettre le mercure en mouvement que dans sa couche supérieure ce qui est justifié par la légèreté relative de l'amalgame qui se forme.

La décomposition de l'amalgame s'obtient en le mettant en contact avec du fer en présence d'eau chaude.

99. Procédés par circulation. — Le principe de ces procédés consiste à empêcher l'arrivée des ions $\overline{OH}$ à l'anode en animant le liquide d'un mouvement convenable.

100. Procédé a la cloche[1] ou par gravité[2]. — Dans

1. Glockenverfahren.
2. Gravity process.

ce procédé l'anode A est placée sous une cloche B conductrice par sa partie extérieure C qui sert de cathode. La saumure arrive en D et le chlore s'échappe en E. L'alcali produit dans la région F se rassemble à la partie inférieure G de l'appareil. Si le système n'était pas en fonctionnement, l'alcali ne tendrait pas à gagner l'anode car il est plus dense que la saumure. Mais

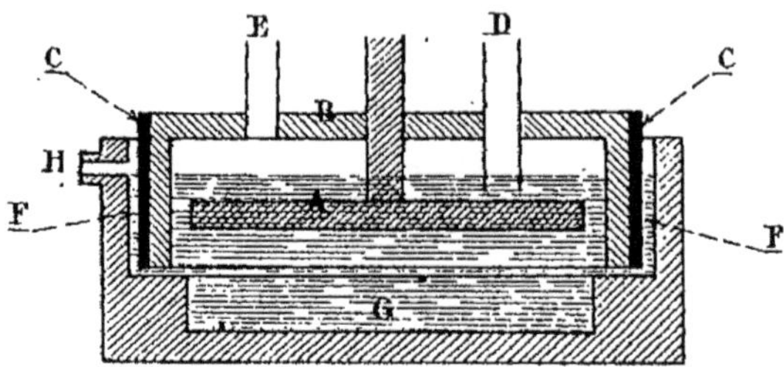

Fig. 25.

lorsque l'électrolyse a lieu les ions $\overline{OH}$ migrent vers le pôle positif; soit V leur vitesse de migration. Par l'orifice H, on fait alors écouler l'alcali de telle façon que sous la cloche le liquide s'éloigne de l'anode avec la vitesse V. Dans ces conditions les ions $\overline{OH}$ n'atteindront évidemment jamais cette anode.

II. — HYPOCHLORITES

101. Principe de la fabrication. — Nous avons vu qu'on pouvait obtenir par électrolyse une production simultanée d'alcali et de chlore. Supposons maintenant qu'on laisse diffuser l'alcali (soude caustique, par exemple) de telle façon qu'il vienne entourer l'anode. Lorsqu'on opère à froid, on a les réactions :

$$2Cl + NaOH = NaCl + ClOH \qquad (33)$$

et

$$ClOH + NaOH = ClONa + H^2O$$

ce qu'on peut exprimer par la réaction globale :

$$2Cl + 2NaOH = NaCl + ClONa + H^2O.$$

Comme on le voit, il se forme un hypochlorite.

102. RENSEIGNEMENTS DIVERS.

1° La liqueur doit rester presque neutre.

2° En principe il est avantageux d'électrolyser une saumure fortement concentrée.

3° La concentration en hypochlorite ne peut dépasser une certaine valeur [1]. Au bout d'un temps suffisant, c'est en pure perte qu'on prolongerait l'électrolyse.

4° On peut obtenir des concentrations en hypochlorite notablement plus élevées avec des anodes de platine qu'avec des anodes de carbone [2].

5° L'addition d'une petite quantité de chlorure de calcium ou de chlorure de magnésium améliore le rendement de l'opération [3].

6° L'addition de chromates alcalins améliore ce rendement de façon encore plus nette [4].

7° Il y a intérêt à opérer avec de grandes densités de courant à l'anode et à la cathode.

---

1. Car lorsque cette concentration s'élève, il arrive un moment où les ions $\overline{ClO}$ de l'hypochlorite se déposent à l'anode.

2. Cela provient de ce que l'oxygène étant toujours libéré en même temps que le chlore sur l'anode, celle-ci s'oxyde lentement lorsqu'elle est en carbone : l'anhydride carbonique produit décompose alors l'hypochlorite. En outre, l'expérience montre ici que la quantité d'oxygène libérée sur une anode en carbone est dans des conditions identiques supérieure à la quantité d'oxygène libérée sur une anode en platine.

3. L'électrolyse de ces chlorures produit sur les cathodes un dépôt d'hydrates $Ca(OH)^2$ ou $Mg(OH)^2$ relativement peu solubles. On admet que ce dépôt agit comme une sorte de diaphragme, l'hydrogène étant libéré sur le métal lui-même, tandis que l'hypochlorite est arrêté par la couche d'hydrate. Cette disposition a par suite pour effet d'entraver la réduction de l'hypochlorite par l'hydrogène naissant.

4. Ils s'opposent à la réduction de l'hypochlorite.

103. APPAREIL HERMITE. — La cuve est en fonte galvanisée. Les anodes A sont constituées par des toiles de platine disposées dans des cadres en ébonite. Les

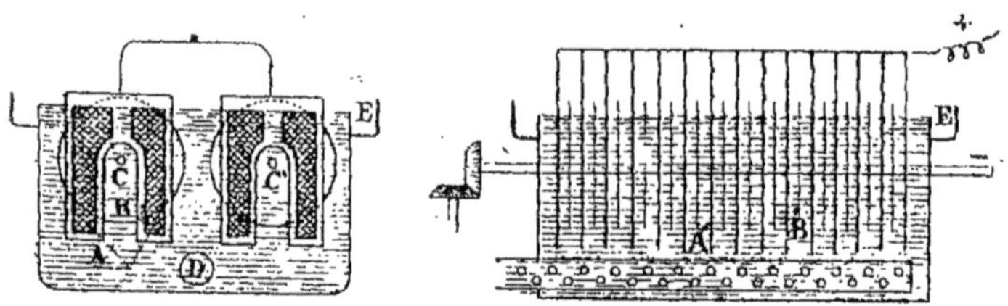

Fig. 26.

cathodes B sont des disques de zinc montés sur des arbres tournants C et C'. Comme on le voit les électrodes de noms contraires sont placées alternativement et très rapprochées les unes des autres. Le liquide entre par le tube perforé D, s'élève à travers l'électrolyseur et déborde dans la gouttière E; l'hypochlorite formé s'écoule ainsi au fur et à mesure de sa fabrication.

104. DISPOSITIF SCHUCKERT. — Les anodes A sont constituées soit par des lames de platine maintenues dans

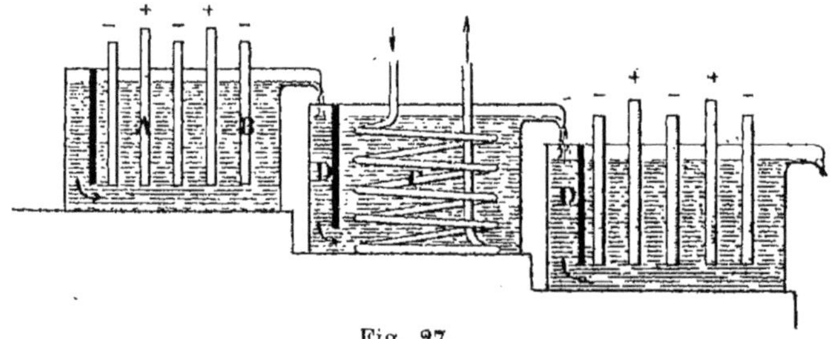

Fig. 27.

des cadres en grès, soit par du carbone. Les cathodes B sont en carbone. Les électrolyseurs sont disposés en cascade, deux électrolyseurs consécutifs étant séparés par un bac dans lequel le liquide est refroidi par de l'eau circulant dans un serpentin C. La température d'électrolyse est voisine de 35°. Les cloisons D obligent le liquide à circuler de la façon la plus favorable.

III. — CHLORATES ET PERCHLORATES

105. Principe de la fabrication des chlorates. — On procède à peu de chose près comme pour les hypochlorites, mais au lieu d'effectuer l'électrolyse à froid, on opère à température assez élevée (55° environ pour le chlorate de potassium).

La formation d'un chlorate dans l'électrolyseur peut vraisemblablement résulter de plusieurs phénomènes distincts :

A. — L'acide hypochloreux formé dans la réaction (33) (n° 104) pourra oxyder l'hypochlorite ambiant ; on aura alors :

$$2ClOH + ClONa = ClO^3Na + 2HCl.$$

B. — L'hypochlorite formé pourra encore être électrolysé, c'est-à-dire que des ions ClO se déchargeront à l'anode. Dès qu'ils perdent leur charge électrique, ces ions réagissent sur l'eau d'après la réaction :

$$2ClO + H^2O = 2ClOH + O$$

Deux phénomènes peuvent alors se produire :

1° L'acide hypochloreux oxyde l'hypochlorite ; on a comme précédemment :

$$2ClOH + ClONa = ClO^3Na + 2HCl$$

2° L'acide hypochloreux oxyde le chlorure ambiant, on a :

$$3ClOH + NaCl = ClO^3Na + 3HCl.$$

Cette dernière réaction paraît être peu importante.

C. — Lorsque la température s'élève, l'hypochlorite se transforme en chlorate d'après la réaction bien connue :

$$3ClONa = 2NaCl + ClO^3Na.$$

106. Renseignements divers.

1° On doit opérer avec de fortes densités de courant.

2° Il est bon que la solution anodique soit légèrement acide.

3° La principale difficulté de la préparation électrolytique des chlorates réside dans le fait que le chlorate formé peut être réduit par l'hydrogène qui se dégage à la cathode.

Ici les chlorures de calcium ou de magnésium ne peuvent guère être employés. Mais les chromates donnent de bons résultats. En outre certaines dispositions des électrolyseurs permettent d'éviter cette réduction (voir n°s 107 et 108).

4° Les chlorates industriels sont :

Le chlorate de potassium.

Le chlorate de sodium.

Le chlorate de baryum.

Le premier de ces corps est le plus important ; quant au dernier, il n'est fabriqué qu'en quantités minimes.

Le chlorate de sodium est beaucoup plus soluble que le chlorate de potassium et son extraction est plus onéreuse.

107. Procédé Gall et de Montlaur. — Dans ce procédé l'électrolyseur était divisé en deux compartiments au moyen d'un diaphragme. Un monte-jus amenait continuellement la potasse cathodique dans le compartiment anodique où se formait alors le chlorate.

L'inconvénient capital de ce dispositif était la perte d'énergie résultant de la présence du diaphragme.

108. Procédé Gibbs-et Franchot. — Dans ce procédé, on emploie comme cathodes des grilles de cuivre recouvertes d'oxyde de cuivre. L'hydrogène naissant réduit cet oxyde et par suite ne réagit pas sur le chlorate.

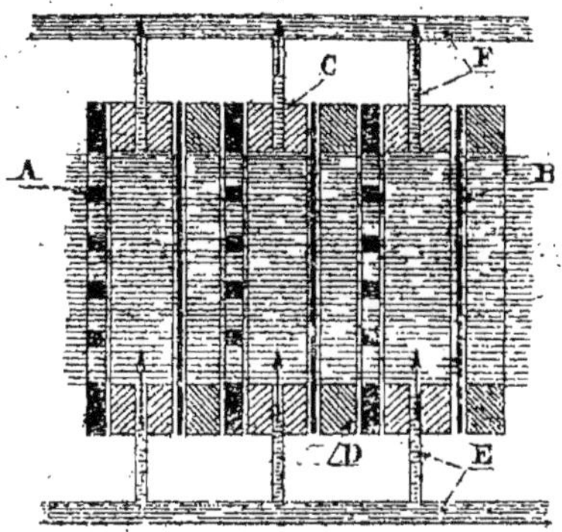

Fig. 28.

A, cathodes. — B, anodes (lames de platine). — C, cadres en bois recouvert de plomb. — D, cadres en caoutchouc.

La chaleur dégagée par la réduction de l'oxyde de cuivre suffit pour maintenir le bain à la température convenable.

Après réduction, les cathodes sont oxydées de nouveau par grillage à l'air.

Le liquide entre par E; il sort par F et en se refroidissant dépose le chlorate formé.

109. Perchlorates.

A. — Si l'on électrolyse un chlorate alcalin ou alcalino-terreux avec une forte densité de courant, en maintenant une température basse et en ayant soin que la liqueur ne soit pas alcaline, on obtient un perchlorate.

B. — La formation de ce perchlorate résulte des phénomènes suivants :

Les ions $\overline{ClO^3}$ du chlorate se déposent sur l'anode. Dès qu'ils perdent leur charge électrique, ils réagissent sur l'eau, on a :

$$2ClO^3 + H^2O = ClO^3H + ClO^4H.$$

L'acide perchlorique se combine alors à l'alcali produit à la cathode d'après la réaction :

$$ClO^4H + NaOH = H^2O + ClO^4Na.$$

C. — Les perchlorates commerciaux sont :
Le perchlorate de potassium.
Le perchlorate de sodium.
Le perchlorate d'ammonium.
Ce dernier est le plus important.

On ne fabrique directement par électrolyse que le perchlorate de sodium (et quelquefois aussi le perchlorate de calcium) qui servent alors à préparer par voie chimique les perchlorates de potassium et d'ammonium.

La fabrication électrolytique du perchlorate de potassium ne donnerait que de médiocres résultats à cause de la faible solubilité du chlorate correspondant.

La fabrication électrolytique du perchlorate d'ammonium serait très dangereuse à cause de la formation de trichlorure d'azote.

CHAPITRE III

AFFINAGE ÉLECTROLYTIQUE DU CUIVRE

110. Principe de l'opération. — On utilise comme anode soluble le cuivre qu'on veut affiner, tandis que la cathode est constituée par du cuivre pur ; quant à l'électrolyte, c'est une solution de sulfate de cuivre additionnée d'acide sulfurique. Dans ces conditions, le courant transporte le cuivre de l'anode à la cathode.

Mais il est naturel de se demander pourquoi les métaux étrangers contenus dans le cuivre ne se déposent pas sur la cathode en même temps que ce dernier. Pour analyser le phénomène, classons les éléments présents par ordre de potentiels de décharge. Nous aurons :

1° Éléments dont le potentiel de décharge est supérieur à celui du cuivre. Ce sont :

Le zinc ;

Le fer ;

Le cobalt ;

Le nickel ;

L'étain ;

Le plomb ;

Le bismuth [1] ;

L'antimoine [1] ;

L'arsenic [1] ;

---

1. On peut s'étonner de voir le bismuth et l'antimoine figurer avant le cuivre alors qu'ils sont placés après lui dans la série des tensions

2° *Le cuivre*.

3° *Éléments dont le potentiel de décharge est inférieur à celui du cuivre*. Ce sont :

L'argent ;

L'or.

A cette liste d'impuretés, il convient d'ajouter certains composés, notamment :

Le sous-oxyde de cuivre Cu^2O (oxydule) ;

Le sous-sulfure de cuivre Cu^2S ;

Le sous-séléniure de cuivre Cu^2Se ;

Le sous-tellurure de cuivre Cu^2Te.

Lorsque l'anode est attaquée par l'ion SO^4, les corps des groupes 1° et 2° passent seuls en solution[1]. Parmi tous les cations présents, ce sont alors les ions $\overset{++}{Cu}$ qui possèdent le plus petit potentiel de décharge. Par suite, si la tension cathodique ne s'élève pas trop, le cuivre sera seul à se déposer.

Les corps du groupe 1° resteront en solution. Quant à ceux du groupe 3°, ils se déposeront à l'état de boue dans le voisinage de l'anode avec les composés Cu^2S, Cu^2Se, Cu^2Te et une partie de l'oxydule Cu^2O.

Ces boues anodiques (appelées *schlamm*) seront traitées pour l'extraction des métaux précieux qu'elles peuvent renfermer, car cette extraction constitue une source

(n° 74). Mais, les potentiels de décharge des trois derniers des ions énumérés ci-dessus sont mal connus et à l'heure actuelle, on ne peut pas encore considérer comme absolument certain qu'ils soient égaux aux potentiels électrolytiques correspondants (lesquels ont eux-mêmes des valeurs douteuses). D'ailleurs, la concentration de ces ions dans la solution qui nous occupe est évidemment très faible ce qui, d'après l'exposé du n° 77, élève leurs potentiels de décharge relativement à celui des ions $\overset{++}{Cu}$ dont la concentration est beaucoup plus grande. L'expérience semble bien montrer qu'ici, ces trois corps se placent par rapport au cuivre comme nous venons de l'indiquer.

1. Une certaine quantité de sous-oxyde de cuivre Cu^2O passe également en solution à l'état de sulfate de cuivre.

importante de bénéfices. Parmi ces métaux, se trouve principalement de l'argent ; la quantité d'or est généralement beaucoup plus faible ; quant au platine, il est presque toujours inexistant.

Pour que le cuivre se dépose seul sur la cathode, certaines précautions devront être prises. Ainsi, la densité de courant devra avoir une valeur assez faible. (On a vu en effet au n° 89, Remarque II, 1°, renvoi, que l'augmentation de la densité de courant tend à libérer des ions qui en principe ne devraient pas se déposer par suite de la valeur élevée de leur potentiel de décharge[1].) L'expérience montre cependant qu'on peut sans inconvénient élever notablement la densité de courant lorsque le cuivre à affiner ne contient qu'une très faible proportion d'impuretés (et notamment peu d'arsenic, d'antimoine et de bismuth). La densité de courant devra au contraire être abaissée au-dessous de sa valeur normale si la proportion de ces impuretés dépasse ce qu'elle est ordinairement. Indiquons à ce propos que dans la pratique on ne soumet guère à l'affinage électrolytique que des cuivres riches renfermant au moins 97 p. 100 de cuivre et au plus 1 p. 100 d'arsenic.

Une autre précaution importante consistera à maintenir constante la concentration des ions $\overset{++}{Cu}$ autour de la cathode, cette concentration tendant à diminuer par suite de la perte faradique. On obtiendra le résultat cherché en réalisant une circulation convenable du liquide.

<hr>

1. Les premiers des ions supplémentaires qui se déposeraient ici seraient évidemment ceux d'arsenic, d'antimoine et de bismuth. Or ces trois corps sont précisément les impuretés les plus nuisibles aux qualités essentielles du cuivre : l'arsenic et l'antimoine diminuent considérablement sa conductivité et le bismuth a une influence très fâcheuse sur sa résistance mécanique.

Nécessité de renouveler l'électrolyte. — On a vu dans ce qui précède que le bain se chargeait rapidement d'impuretés ; nous ne parlons pas ici des boues anodiques, mais des corps du groupe 1°. Lorsque la concentration des ions de ces éléments augmente, leur potentiel de décharge diminue d'après la théorie générale (n° 77) et au bout d'un certain temps ces corps finiraient par se déposer sur la cathode. Pour éviter ce dépôt nuisible, on est obligé de renouveler périodiquement l'électrolyte ce qui entraîne une perte de matière et une complication de la fabrication.

Insufflation d'air. — On a cherché des procédés permettant non pas de supprimer ce renouvellement de la solution, mais de le rendre moins fréquent. Le seul de tous ces procédés qui ait eu quelque succès consiste à insuffler de l'air dans l'électrolyte. Alors, l'arsenic s'oxyde et donne avec d'autres métaux présents (notamment le nickel, le cobalt et le fer) des arséniates qui précipitent.

111. Fabrication électrolytique de tubes sans soudure [1]. — Pour réaliser cette fabrication, il suffira d'employer comme cathode un mandrin cylindrique dont les bases ne soient pas conductrices. Le cuivre qui se dépose sur la partie cylindrique formera évidemment un tube.

Les tubes ainsi fabriqués ont souvent des dimensions considérables (2,50 m. de diamètre, par exemple). Si on les coupe suivant une génératrice, on obtient par

---

[1]. Cette fabrication se rattache naturellement à l'industrie de l'affinage électrolytique du cuivre, bien que les tubes en question s'obtiennent très souvent en partant d'anodes en cuivre pur (ou à peu près pur).

développement de grandes plaques de cuivre. Si on les coupe suivant une hélice, on peut avoir un câble à section carrée qu'il sera possible de transformer en fil ordinaire par tréfilage.

112. Procédé Elmore. — Dans ce procédé on comprime constamment le dépôt de cuivre en cours de formation de façon à augmenter sa régularité, son homogénéité et sa résistance mécanique.

L'anode est constituée par une masse de cuivre A, coulée en forme d'U. La cathode B est un mandrin tour-

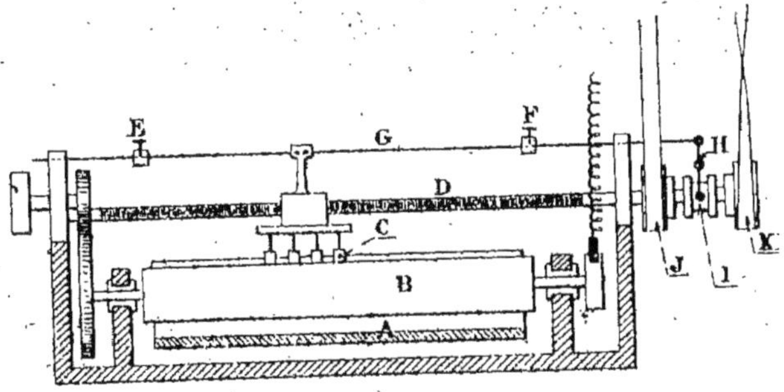

Fig. 29.

nant en acier poli. Afin de permettre la séparation ultérieure du tube de cuivre, on peut soit recouvrir préalablement ce mandrin d'une couche de graphite, soit produire d'abord un léger dépôt de cuivre qu'on oxydera à l'air avant de reprendre l'électrolyse.

La compression du dépôt est effectuée par des brunissoirs en agate C appuyés sur le cuivre par des ressorts non représentés sur la figure. Ces brunissoirs sont animés d'un mouvement longitudinal grâce à la rotation de la vis D. Lorsque le porte-brunissoirs arrive à bout de course, il entraîne les taquets E ou F fixés sur la

tringle G. Cette tringle commande par l'intermédiaire
du levier H le manchon claveté I qui peut être embrayé
soit avec la poulie folle J sur laquelle se trouve une
courroie droite, soit avec la poulie folle K sur laquelle
se trouve une courroie croisée. On voit donc que le
changement du sens de rotation de la vis D et par suite
le changement du sens de translation des brunissoirs se
produiront automatiquement à chaque arrivée à fin de
course.

113. PROCÉDÉ COWPER COWLES. — Dans le procédé
Elmore, l'agitation du bain étant très faible on est obligé
d'opérer avec une densité de courant minime pour avoir
un dépôt suffisamment compact (voir n° 88 C 4° et 6°).
Cela présente évidemment l'inconvénient de prolonger
exagérément la durée de la fabrication. Dans le procédé
Cowper Cowles, on produit au contraire une circulation
rapide de l'électrolyte ce qui permet d'élever notablement la densité de courant sans diminuer la compacité
du dépôt, d'autant plus qu'on opère à température élevée (voir n° 88 C 5°). La durée de la fabrication sera
donc réduite.

Le mandrin cylindrique a ici son axe vertical. Il est
placé au milieu d'une cuve qui lui est concentrique et
dans laquelle l'électrolyte est injecté de façon à prendre
un mouvement de giration ; l'agitation du bain sera
donc assurée. En outre, le mandrin est lui-même animé
d'un mouvement de rotation très rapide autour de son
axe. Le frottement que produit contre le liquide ambiant
cette rotation rapide semble avoir une influence particulièrement favorable sur la texture du dépôt qui se
forme.

QUATRIÈME PARTIE

Electrochimie et électrométallurgie
par voie sèche.

RENSEIGNEMENTS GÉNÉRAUX

CHAPITRE PREMIER

DIVERS MODES D'EMPLOI DE L'ÉNERGIE ÉLECTRIQUE EN ÉLECTROCHIMIE ET EN ÉLECTROMÉTALLURGIE PAR VOIE SÈCHE

114. — Nous avons vu qu'en électrochimie et en électrométallurgie par voie humide on utilisait toujours la décomposition électrolytique (et quelquefois en même temps, la chaleur dégagée par le courant ou effet Joule). En électrochimie et en électrométallurgie par voie sèche, les modes d'utilisation de l'énergie électrique pourront être notablement différents. On aura :

1° *L'emploi simultané de l'effet Joule et de la décomposition électrolytique.*

C'est ce qui aura lieu dans l'électrolyse ignée (fabrications de l'aluminium, du magnésium, des métaux alcalins et alcalino-terreux, etc).

2° *L'utilisation de l'effet Joule seul.*

On aura alors ce qu'on peut appeler la chimie et la métallurgie électrothermiques (fixation de l'azote atmosphérique, fabrications du carbure de calcium, du carborundum, électrosidérurgie, etc.).

3° *L'utilisation de l'action chimique de l'effluve électrique.*

Jusqu'à présent, la seule fabrication industrielle tirant parti de ce phénomène est celle de l'ozone.

CHAPITRE II

FOURS ÉLECTRIQUES

115. CLASSIFICATION. — Les fours électriques peuvent être classés en trois grandes catégories : fours à arc, fours à résistance, fours d'induction.

116. FOURS A ARC.

A. Propriétés générales de l'arc électrique.

1° Quels que soient l'écartement des électrodes et l'ampérage dont on dispose, on ne peut faire jaillir un arc électrique que lorsque la tension dépasse une certaine valeur minimum.

Pour des électrodes en carbone placées dans l'air, cette tension minimum est approximativement égale à 35 volts.

2° Quand on veut faire jaillir un arc, on commence généralement par mettre les électrodes en contact l'une avec l'autre, puis on les écarte progressivement. Cette opération constitue *l'allumage* ou *amorçage* de l'arc. Si l'on continue à augmenter la distance entre les électrodes, l'arc finit par s'éteindre.

3° Pour faire subsister un arc électrique, il faut employer une tension d'autant plus élevée que cet arc est plus long et que son ampérage est plus faible.

Suivant les cas l'insuffisance du voltage ou de l'ampérage ou l'excès de longueur d'un arc pourront entraîner son extinction d'une façon absolue ou simplement rendre cette extinction susceptible de se produire facilement sous l'action de causes fortuites. Lorsqu'un arc est ainsi susceptible de s'éteindre facilement, on dit qu'il manque de *stabilité*.

4° Si l'arc est créé par un courant alternatif, il s'éteint à chaque changement de sens du courant pour se rallumer dès que la tension a repris une valeur suffisante. Mais pour que ce rallumage puisse avoir lieu, il faut que les électrodes soient encore incandescentes. Aussi, en alternatif, la stabilité d'un arc est d'autant plus grande que la fréquence est plus élevée. D'ailleurs, cette stabilité reste toujours inférieure à celle d'un arc équivalent créé par du courant continu.

5° La stabilité d'un arc pourra être augmentée par des dispositifs électriques convenables. Ainsi, on peut recommander :

a) L'emploi de dynamos ou d'alternateurs à forte réaction d'induit ;

b) Le montage des arcs en série ;

c) Le montage d'une résistance supplémentaire en dérivation ;

d) La mise en circuit d'une self-induction.

6° Les courants d'air tendent à éteindre les arcs. Cette extinction aura lieu si l'arc est peu stable (surtout lorsque le courant d'air agit perpendiculairement). Si l'arc est plus stable, il sera simplement déformé à chaque instant et déplacé continuellement dans le sens du courant gazeux.

L'ensemble de ces phénomènes porte le nom de *soufflage* des arcs.

7° Les champs magnétiques perpendiculaires aux arcs

électriques tendent aussi à les éteindre. Comme dans le cas précédent, l'extinction aura lieu ou non suivant la plus ou moins grande stabilité de l'arc considéré. Si cet arc n'est pas éteint, il sera déformé et déplacé continuellement. Ce déplacement aura lieu dans une direction unique si le courant qui crée l'arc est continu et dans des directions changeant à chaque demi-période si ce courant est alternatif.

L'ensemble de ces phénomènes constitue le *soufflage magnétique*.

8° D'après les déterminations les plus récentes, les températures des points remarquables d'un arc électrique jaillissant entre deux électrodes de carbone seraient les suivantes :

Cratère positif 4100°.

Pointe négative 3 000°.

Température moyenne de l'arc 3 600°[1].

B. **Disposition des fours à arc.** — La disposition des fours à arc sera complètement différente suivant qu'il s'agira de chauffer des gaz (fours destinés à combiner l'azote et l'oxygène de l'air) ou au contraire de chauffer des matières solides ou liquides.

Nous ne parlerons pour l'instant que de ces derniers fours. Leur disposition devra être telle que l'une au moins des électrodes ne soit pas en contact avec la matière à chauffer, sans quoi la production de l'arc serait impossible[2]. On pourra alors avoir les types suivants :

---

1. Sous pression, la température moyenne de l'arc a pu atteindre 4.000°.

2. Cela n'est pas absolu et une électrode en contact avec une substance et même y pénétrant peut être le siège d'un arc électrique lorsque cette substance non encore fondue est constituée par une agglomération de grains.

1° Les électrodes ne sont ni l'une ni l'autre en contact avec la substance à chauffer et celle-ci n'est pas touchée par l'arc.

2° Les électrodes ne sont ni l'une ni l'autre en contact avec la substance, mais celle-ci est touchée par l'arc.

On peut avoir ici deux dispositifs :

a) L'arc jaillit uniquement (ou presque uniquement) entre les électrodes.

b) Il se produit deux arcs ; chacun d'eux jaillit entre l'une des électrodes et la substance à chauffer, celle-ci fermant le circuit ; c'est donc un système de deux arcs en série qui se trouve être ainsi réalisé.

3° L'une des deux électrodes est en contact avec la matière à chauffer ; l'arc jaillit entre cette matière et l'autre électrode.

Remarque I. — Lorsqu'on utilise le type 1° ou le type 2° *a*, le chauffage de la substance n'a lieu qu'à la surface de celle-ci. La répartition thermique sera donc médiocre si la masse traitée a une grande épaisseur. On est alors conduit à agiter continuellement la matière en donnant au four un mouvement convenable.

Remarque II. — Dans certaines opérations, on fait fonctionner les fours à résistance (voir n° 117) comme fours à arc lorsqu'on veut élever la température (notamment au moment d'effectuer une coulée). Il suffit pour cela d'élever les électrodes ou l'une des électrodes au-dessus du bain.

117. Fours a résistance[1]. — Dans ces fours, les deux

---

[1]. Cette dénomination consacrée par l'usage est mal choisie car en réalité tous les fours électriques sont des fours à résistance. On devrait dire fours à électrodes de contact.

électrodes sont en contact avec la masse à chauffer. La quantité de chaleur dégagée par le passage du courant sera donnée par la formule bien connue :

$$q = \frac{1}{J} RI^2 t \qquad \left(\text{avec} = \frac{1}{J} = \frac{1}{4,19} = 0,24\right).$$

Quelquefois, en raison de la faible résistivité des bains métalliques, on localise l'effet Joule dans la couche de laitier qui surmonte le métal et qui est plus résistante que celui-ci. Le type de four ainsi réalisé est dit *à résistance superficielle*.

Il peut arriver au contraire que la masse à chauffer ait une résistivité trop considérable[1], notamment à froid. On réunit alors les électrodes par un noyau conducteur (généralement constitué par du carbone granulé). Ce noyau conducteur est entouré par la masse à chauffer et la chaleur dégagée par le courant devra traverser cette masse avant de se perdre par rayonnement. Ce type de four est dit *à résistance centrale*.

Fréquemment l'un des pôles est constitué par le four lui-même (ou par sa sole). Cette disposition est souvent employée en électrolyse ignée. On utilise alors (lorsque le métal libéré est plus lourd que l'électrolyte) la sole du four comme cathode ; l'action de la pesanteur tend à maintenir le métal sur cette sole, ce qui permet de le recueillir plus facilement. Ce type de four est dit *four-cathode*.

[1]. Dans la formule : $q = \frac{1}{J} RI^2 t$, remplaçons I par sa valeur $\frac{E}{R}$; on a :

$$q = \frac{1}{J} \frac{E^2}{R} t$$

ce qui montre que *pour une tension invariable* la quantité de chaleur dégagée diminue quand la résistance augmente. Jusqu'à une certaine limite, il y a en général avantage à élever à la fois la résistance et la tension ; mais si cette tension devait avoir une valeur excessive, il deviendrait indispensable de réduire la résistance.

118. Fours d'induction. — Les fours d'induction sont de véritables transformateurs statiques. Le primaire est un enroulement ordinaire alimenté par du courant à haute tension. Quant au secondaire, il est constitué par la matière à chauffer qui forme une spire unique fermée sur elle-même. Cette matière sera alors parcourue par un courant qui pourra avoir une grande intensité et qui dégagera par suite une quantité de chaleur considérable.

Remarque. — Lorsque la substance à chauffer est un métal [1], on constitue parfois le circuit secondaire par un canal étroit dont les deux extrémités débouchent à des niveaux différents dans un creuset d'assez grande dimension qui ferme le circuit.

Il se produit alors une circulation continuelle du métal ; celui-ci entre dans le canal par l'orifice inférieur et en sort par l'orifice supérieur. Cette circulation présente de sérieux avantages métallurgiques et permet notamment d'obtenir un métal très homogène.

119. Renseignements divers sur la construction des fours électriques. — Les électrodes devront en général être isolées de la maçonnerie des fours afin d'éviter la production de courants dérivés passant à travers cette maçonnerie d'une électrode à l'autre.

Les enroulements des fours à induction doivent être soigneusement protégés contre l'action de la chaleur rayonnée par le four. Cette protection se réalise soit en entourant l'enroulement d'un manchon à circulation d'eau, soit au moyen d'une soufflerie.

---

1. C'est presque toujours le cas dans les fours d'induction.

Il est souvent utile de refroidir aussi le cadre magnétique.

Les parois des fours peuvent comprendre :

1° Une enveloppe extérieure en tôle;

2° La maçonnerie ;

3° Un revêtement intérieur.

Fréquemment, c'est la maçonnerie qui fait office de revêtement intérieur.

Ce revêtement pourra être :

En charbon, lorsque les autres matières réfractaires souilleraient le produit fabriqué (Ex. aluminium) ou lorsqu'on doit opérer à très haute température. (Ex. fabrication du carbure de calcium).

En briques de dolomie[1], lorsque ce corps n'a pas d'action nuisible sur le produit fabriqué et que la température ne doit pas atteindre les limites extrêmes (Ex. fours à acier).

En pisé[2] de dolomie ou de magnésie.

Plus rarement, on emploie la magnésie, la chaux, la pierre de Courson[3].

Enfin, dans certains cas particuliers, on se servira de matières tout à fait spéciales. C'est ainsi qu'on utilise fréquemment le minerai de chrome dans la construction des fours destinés à la fabrication du ferrochrome.

Les fours électriques de dimensions peu considérables sont fréquemment montés sur des galets, ce qui rend leur déplacement facile.

Quant aux fours métallurgiques fixes, ils sont souvent

---

1. La dolomie est un carbonate naturel double de calcium et de magnésium.

2. C'est un aggloméré de dolomie ou de magnésie et de goudron.

3. La pierre de Courson est un carbonate de calcium.

munis de dispositifs permettant de les faire basculer afin d'effectuer la coulée. Cela est notamment réalisé pour les fours destinés à l'affinage de l'acier.

120. Courant d'alimentation des fours électriques. — La nature du courant à employer pour l'alimentation d'un four électrique dépendra d'abord de la nature de l'opération qu'on veut effectuer :

1° Si c'est une électrolyse ignée, l'emploi du courant continu sera indispensable ;

2° Si au contraire on n'a besoin que de l'effet Joule seul, on pourra en principe utiliser indifféremment du continu ou de l'alternatif[1].

Mais des considérations de commodité et d'économie interviennent alors pour déterminer le choix.

Supposons d'abord que l'usine électrochimique ou électrométallurgique se fournisse à elle-même son énergie. Les intensités des courants employés dans les fours électriques sont en général très considérables ; en outre la résistance des fours varie souvent brusquement ; par suite, si l'on employait du courant continu, le collecteur des dynamos serait une source d'ennuis continuels.

De plus, dès que la station génératrice est un peu éloignée des fours, le transport du continu devient onéreux à cause de la grande valeur de l'ampérage et de la chaleur qui en résulte ; le courant alternatif au contraire peut être transporté sous une tension élevée qui ne sera abaissée par un transformateur donnant l'ampérage nécessaire qu'à une dizaine de mètres des fours. Pour ces raisons l'alternatif sera préférable.

Lorsque l'usine électrochimique ou électrométallur-

---

1. Il va de soi que les fours d'induction ne peuvent fonctionner qu'avec de l'alternatif puisque ce sont des transformateurs.

gique emprunte l'énergie dont elle a besoin à une distribution indépendante (qui très généralement fournit du courant alternatif), on utilisera tout naturellement ce courant sous la même forme après avoir abaissé convenablement sa tension.

Le transformateur intermédiaire devient évidemment inutile si le courant doit alimenter un four d'induction.

121. Dispositions à prendre pour maintenir le facteur de puissance cos φ a une valeur suffisamment élevée[1]. — Désignons par :

R la résistance du circuit d'utilisation ;

$\mathcal{L}$ sa self-induction ;

ω la pulsation du courant.

Entre ces grandeurs et l'angle de décalage φ, on a la relation bien connue :

$$\text{Tang } \varphi = \frac{\mathcal{L}\omega}{R} \cdot$$

Pour avoir cos φ aussi grand que possible, il faudra évidemment avoir Tang φ aussi petit que possible. On devra donc :

1º Réduire $\mathcal{L}$ le plus qu'il se peut. — Dans ce but, on aura soin que les conducteurs ne fassent pas de boucles ; on évitera même les coudes brusques ; enfin, autant que possible, on s'arrangera de façon qu'il n'y ait pas de pièces de fer dans le voisinage des conducteurs ;

2º Prendre pour ω une valeur assez faible. — Si

---

1. On sait que si l'on désigne par Ve et Ie la tension et l'intensité efficaces d'un courant alternatif, par φ l'angle de décalage entre la tension et l'intensité et par P_m la puissance moyenne, on a :

$$P_m = V_e I_e \cos \varphi$$

d'où l'utilité évidente d'avoir cos φ aussi élevé que possible.

l'on désigne par F la fréquence du courant, on sait qu'on a :

$$\omega = 2\pi F.$$

On est donc conduit à employer des courants de fréquence modérée.

3° Donner à la résistance intérieure des fours une valeur élevée.

Remarque I. — Si dans la formule :

$$q = \frac{1}{J} R I_c^2 t$$

on remplace I_c par l'expression connue :

$$I_c = \frac{V_c}{\sqrt{R^2 + \mathcal{L}^2 \omega^2}}$$

on a :

$$q = \frac{1}{J} R \frac{V_c^2}{R^2 + \mathcal{L}^2 \omega^2} t.$$

Les diminutions de $\mathcal{L}$ et de ω ont évidemment pour effet d'augmenter q. Mais, d'autre part, à cause des valeurs pratiques de R et de $\mathcal{L}\omega$, on peut affirmer que *pour une tension efficace V_c invariable*, l'élévation de R aura pour effet de diminuer q. Comme il est indispensable de maintenir cette quantité de chaleur à une valeur considérable, il est clair que l'augmentation de résistance prescrite au 3° devra être accompagnée d'une élévation de tension.

Remarque II. — Ordinairement, le cos φ d'une installation de fours électriques est voisin de 0,8.

122. Précautions a prendre pour éviter les conséquences nuisibles des variations brusques de la résistance des fours. — Ces brusques variations de résistance sont fréquentes dans les fours électriques (notamment lorsqu'on effectue une coulée sans interrompre le courant) et il est à peine besoin de dire qu'elles pourraient avoir des suites fâcheuses pour les génératrices.

Voici les principales précautions qu'il y aura lieu de prendre :

1° Faire usage des appareils et dispositifs ordinaires de protection et de régulation.

2° Alimenter les fours avec des alternateurs (ou des dynamos) à forte réaction d'induit.

3° Monter un grand nombre de fours en série. De cette façon, la résistance totale reste à peu près constante malgré les variations qui se produisent dans chaque four.

4° Au moment d'une coulée effectuée sans interruption de courant, réduire la variation de tension en agissant sur l'écartement des électrodes.

123. Précautions a prendre pour la santé du personnel. — Les électrodes employées dans les fours électriques sont généralement en charbon ou en graphite ; elles brûlent plus ou moins rapidement en donnant une notable quantité d'oxyde de carbone. En outre certaines autres réactions normales ou accidentelles dégagent aussi des gaz toxiques. Il faudra donc avoir soin d'aérer *constamment* les locaux où fonctionnent les fours.

124. Avantages généraux du four électrique. — 1° On peut obtenir au four électrique des températures beaucoup plus élevées qu'avec les autres fours industriels (cet avantage étant particulièrement accentué avec le four à arc).

a) Par suite de ces températures très élevées, les réactions s'accomplissent plus rapidement (voir n° 23).

b) La formation des composés endothermiques par réactions d'équilibre sera favorisée (voir n° 31). (Exemple d'application de ce fait : combustion électrothermique de l'azote.)

c) Des réactions nouvelles qui étaient complètement inconnues aux températures basses et moyennes apparaissent au four électrique et peuvent y être commodément réalisées. (Exemple : préparation du carbure de calcium.)

d) On peut employer utilement au four électrique certains réactifs peu fusibles qui dans les fours industriels ordinaires seraient à peu près inefficaces parce qu'ils resteraient à l'état solide.

e) La possibilité de produire des températures élevées permet de donner à la plupart des corps fondus une grande fluidité ; aussi en électrométallurgie, la séparation de la scorie et du métal peut en général se faire très aisément.

2° Le réglage de la température, étant ici purement électrique, s'effectuera avec une grande facilité.

3° Le rendement calorifique des fours électriques est plus élevé que celui des autres fours industriels. Cela résulte de ce que le chauffage des fours électriques est toujours interne et de ce qu'ils ne perdent pas de chaleur par échappement des gaz de combustion comme les foyers ordinaires.

4° Dans un four industriel non électrique utilisant le chauffage interne, il y a forcément excès d'air c'est-à-dire d'oxygène dans certaines régions de l'appareil. Il pourra ne pas en être de même dans un four électrique et les réactions de réduction s'y accompliront par suite d'une façon plus régulière et moins incertaine.

Cette absence d'oxygène peut en outre influer favorablement sur la qualité des produits obtenus.

5° L'électrométallurgie donne souvent des métaux plus purs que ceux que fournit la métallurgie ordinaire (voir par exemple n° 160 A 1° et 3°).

6° La possibilité d'employer l'énergie électrique pour le chauffage en chimie et en métallurgie rend possible l'établissement de ces industries dans des régions assez éloignées des mines de houille.

Remarquons d'ailleurs que la grande commodité et l'économie relative du transport électrique de l'énergie laissent une latitude appréciable dans le choix du lieu de l'installation. Ainsi, dans le cas où les mines de houille sont éloignées, l'industriel n'est pas forcément obligé de rechercher le voisinage *immédiat* des chutes d'eau ; il sera souvent plus avantageux de situer l'usine auprès des voies de communication à condition cependant que la longueur du transport d'énergie ne devienne pas trop considérable.

7° Enfin, on sait que le four électrique permet de réaliser l'électrolyse ignée.

125. COMPARAISON ENTRE L'ÉLECTROMÉTALLURGIE PAR VOIE HUMIDE ET L'ÉLECTROMÉTALLURGIE PAR VOIE SÈCHE. — L'électrométallurgie par voie humide présente les inconvénients généraux suivants :

1° Les solutions occupent un volume considérable ; ce fait entraîne :

a) Un grand encombrement de l'installation.

b) L'emploi d'un matériel coûteux.

2° Les préparations ne s'effectuent que lentement.

A cause de l'impossibilité d'utiliser de fortes densités

de courant en électrométallurgie par voie humide, la quantité de métal obtenue dans un temps donné sera beaucoup plus petite qu'en électrométallurgie par voie sèche, cela pour des matériels de prix et d'encombrement analogues, c'est-à-dire pour des dépenses d'installation équivalentes.

3° Il est nécessaire de renouveler fréquemment l'électrolyte à cause des impuretés qui s'y accumulent.

Ce renouvellement implique évidemment une perte de métal.

4° Lorsque le minerai ne peut pas être utilisé directement comme anode soluble (voir n° 90), il est nécessaire de lui faire subir une transformation chimique préalable pour le faire passer en solution (et souvent aussi pour le purifier). De là résultent des frais supplémentaires et presque toujours une perte de métal.

Les inconvénients généraux de l'électrométallurgie par voie sèche sont :

1° La nécessité de dépenser une assez grande quantité d'énergie pour amener ou maintenir les corps à l'état de fusion.

2° L'usure rapide du matériel et notamment des électrodes et du revêtement des fours.

3° Le fait que la pureté des métaux obtenus est généralement moindre qu'avec les méthodes par voie humide. (Cependant, cette pureté est ordinairement plus élevée avec l'électrométallurgie par voie sèche qu'avec la métallurgie ordinaire.)

4° De même que les électrolyses aqueuses, les électrolyses ignées ne peuvent en général être effectuées utilement qu'avec un électrolyte suffisamment dépourvu d'impuretés. De là résultera dans certains cas la nécessité de faire subir au minerai des transformations chimiques préalables ayant pour but la préparation de matières premières pures. (Cela a lieu notamment pour la métallurgie de l'aluminium.) Ces opérations préliminaires entraînent des frais supplémentaires considérables (et une perte de métal).

Nous remarquerons pour terminer qu'assez fréquemment la nature de la fabrication envisagée impose le choix entre les méthodes par voie humide et par voie sèche, ou du moins suffit nettement à déterminer ce choix.

Pour ce qui est de l'électrochimie, il n'y a pas lieu de comparer la voie humide et la voie sèche car elles donnent naissance à des produits complètement différents.

CHAPITRE III

ÉLECTRODES

126. Matière des électrodes. — 1° Lorsque les électrodes sont destinées à la synthèse de l'oxyde azotique par l'arc électrique, elles sont construites en fer ou en cuivre. Fréquemment, ces électrodes sont creuses et refroidies par un courant d'eau circulant à l'intérieur.

2° Dans certains cas *très rares*, on emploie la matière à traiter comme *électrode fondante*. Le courant n'agit ici que par son effet Joule ; par suite de la chaleur dégagée, l'électrode fond au contact d'un bain qui contient une substance capable de transformer utilement la matière de cette électrode.

3° On emploie encore quelquefois un aggloméré de carbone avec certains oxydes ou carbures métalliques. Ce mélange s'use moins rapidement que le carbone seul. Les électrodes ainsi fabriquées ayant une résistivité assez élevée [1] sont construites en minces plaques polaires qu'on encastre dans le four.

4° Dans tous les autres cas (c'est-à-dire presque toujours) on se sert d'électrodes en carbone.

127. Forme et dimensions des électrodes en carbone. — Ces électrodes ont ordinairement la forme de prismes

---

1. Cette résistivité diminue considérablement lorsque la température devient très haute.

à section carrée dont le côté atteint couramment 0,30 m.
et rarement 0,70 m. La hauteur varie de 0,30 m. à
1,50 m. Souvent les électrodes de grande section sont
constituées par un certain nombre d'électrodes plus
petites, réunies en faisceau par un dispositif convenable.

128. FABRICATION DES ÉLECTRODES EN CARBONE. — On
broie un mélange comprenant de l'anthracite, du coke
de pétrole, du charbon de cornue, de vieilles électrodes, etc., et on le pulvérise en grains assez fins.
Toutes les matières employées doivent être très pures.
La détermination de la teneur en cendres donne à ce
sujet des indications utiles.

La poudre ainsi obtenue est malaxée avec du brai
sec et du goudron de houille déshydraté[1]. La proportion d'agglomérant doit être aussi petite que possible
car la résistivité de l'électrode augmente avec cette proportion.

La pâte constituée comme il vient d'être dit est moulée
et comprimée à la presse ; on peut encore lui donner la
forme voulue en la faisant passer à la presse-filière. La
pression exercée doit être aussi considérable que possible car la qualité de l'électrode augmente avec cette
pression.

L'électrode est ensuite soumise à la cuisson. L'élévation de température doit être lente et progressive ainsi
que le refroidissement[2]. La température maximum doit

---

1. La substance connue dans le commerce sous le nom de brai électrolytique remplace avantageusement le mélange des deux produits
ci-dessus.

2. Actuellement, on obtient ce résultat en plaçant les électrodes
entourées de poussier de charbon dans des boîtes à sable qui sont disposées bout à bout dans un four étroit et de grande longueur. Ce four

être aussi haute que possible. On atteint ordinairement
1 300°.

129. Graphitisation. — On appelle ainsi la transformation en graphite du carbone amorphe de l'électrode.

Pour effectuer cette transformation, on peut employer
deux procédés :

1° *Procédé Girard et Street.* — Il consiste à soumettre
l'électrode à graphitiser à l'action d'arcs électriques
puissants jaillissant dans une chambre réfractaire.

Ce procédé transforme surtout la région extérieure de
l'électrode.

2° *Procédé Acheson.* — Il consiste à porter les électrodes à graphitiser à une température très élevée en
les faisant parcourir par un courant électrique suffisamment intense. Dans ce but ces électrodes sont disposées
sous une couche de poussier à l'intérieur d'un four
électrique fermé dans lequel elles se comportent comme
une résistance centrale. La densité du courant de graphitisation est élevée jusqu'à 40 ampères par cm² ce qui
suffit à porter les électrodes au rouge blanc. La transformation en graphite est pratiquement complète au bout
de vingt-quatre heures.

Remarque. — L'expérience montre que le rendement
de l'opération est notablement amélioré lorsqu'on a in-
corporé dans la pâte des électrodes certaines substances

est chauffé dans sa région centrale. A des intervalles de temps égaux,
on place à l'une des extrémités une nouvelle boîte à sable et au moyen
d'une presse on l'introduit dans le four en repoussant toute la file ce
qui fait sortir la boîte se trouvant à l'extrémité opposée. La température de chaque électrode s'élève évidemment à mesure qu'elle s'ap-
proche du milieu du four et s'abaisse ensuite.

étrangères, notamment de la silice, de l'oxyde de fer
ou de l'alumine. On explique l'influence de ces corps
en admettant qu'ils donnent naissance à des carbures
qui se dissocient ensuite en laissant le carbone à l'état
de graphite.

L'emploi de la silice présente quelquefois des inconvénients. D'ailleurs, c'est l'alumine qui exerce l'action
la plus efficace sur la graphitisation. La quantité d'alumine à incorporer est égale à 3 p. 100 environ du poids
total de l'électrode.

**130. COMPARAISON DES ÉLECTRODES GRAPHITISÉES ET DES
ÉLECTRODES ORDINAIRES.** — La résistivité du graphite est
environ quatre fois moindre que celle du carbone ordinaire. Les quantités de chaleur dégagées par les courants étant proportionnelles au carré des intensités on
pourra admettre dans une électrode graphitique un courant deux fois plus intense que dans une électrode de
mêmes dimensions en carbone ordinaire sans produire
un plus grand échauffement.

D'autre part, le graphite s'oxyde plus difficilement
que le carbone ordinaire. Par suite, à échauffement
égal, les électrodes graphitiques s'useront moins rapidement que les autres électrodes de carbone. Mais, cela
cesse en grande partie d'être vrai lorsque l'électrode
est soumise à une action oxydante énergique à température élevée. A haute température, la résistance du graphite à l'oxydation devient à peu près aussi médiocre
que celle du carbone usuel.

Pour les raisons données précédemment, on pourra
adopter une densité de courant notablement plus grande
avec les électrodes graphitisées qu'avec les électrodes
ordinaires. Dans ces dernières, on admet ordinairement

2 à 6 ampères par cm²[1] et l'on ne peut aller en protégeant l'électrode (voir n° 131) que jusqu'à 10 ampères par cm² au maximum. Avec les électrodes graphitiques, on peut au contraire atteindre et même dépasser 20 ampères par cm².

L'emploi de ces électrodes sera donc tout indiqué dans les cas où l'on devra dépenser une grande puissance dans une petite capacité (c'est-à-dire dans les cas où l'on cherchera à obtenir une température très élevée).

Le prix des électrodes graphitisées est notablement plus élevé que celui des électrodes de carbone amorphe. Aussi leur emploi cesse d'être avantageux dans certaines fabrications où elles seraient soumises à température élevée à une action oxydante énergique. (C'est par exemple ce qui a lieu dans la préparation de l'aluminium). L'usure des électrodes de graphite serait alors presque aussi grande que celle des électrodes ordinaires et il est par suite plus économique de se servir de ces dernières.

131. PROTECTION DES ÉLECTRODES. — On cherche souvent à éviter l'usure par oxydation des électrodes en les recouvrant d'une substance protectrice.

---

[1] En principe la densité de courant qu'on peut admettre dans une électrode en contact avec l'air est d'autant plus faible que la section de cette électrode est plus grande ; en effet, à mesure que cette section augmente, le rapport de la surface latérale de l'électrode à son volume diminue et le refroidissement par rayonnement devient par suite plus lent.

Si l'on admet que ce refroidissement s'effectue suivant la loi de Newton, on arrive à cette conclusion que les densités de courant qu'on peut adopter pour des électrodes de même substance sont en raison inverse des racines carrées des diamètres de ces électrodes. Mais il ne faut pas exagérer l'importance de cette règle car dans la pratique, l'échauffement des électrodes provient en grande partie de la chaleur transmise par le four.

Ainsi, on peut enduire leur surface d'un mélange de silicate de sodium et de craie pulvérisée, ou encore la recouvrir d'une couche de dolomie (ou de magnésie) agglomérée avec une assez faible quantité de brai et de goudron. Quelquefois, on entoure l'électrode avec des cartons d'amiante.

Enfin, dans tous les cas qui précèdent ou encore lorsque l'électrode n'a aucune protection, il est très recommandable de la recouvrir avec de la tôle de fer.

Lorsqu'on emploie un protecteur autre qu'un enduit, il faut avoir bien soin de faire en sorte que l'air ne puisse pas passer entre ce protecteur et l'électrode ; il se produirait en effet un tirage qui activerait l'oxydation.

En règle générale, les protecteurs sont rendus solidaires de l'électrode et se détruisent avec elle dans le four. Il faudra donc prendre garde que la substance qui les constitue n'ait pas d'action nuisible sur le produit qu'on veut obtenir.

Lorsque l'électrode utilisée est constituée par un certain nombre d'électrodes plus faibles réunies en faisceau, celles-ci ne sont généralement pas en contact direct les unes avec les autres ; les intervalles qui les séparent sont occupés par un aggloméré de charbon ; cet aggloméré entoure en outre l'ensemble ainsi formé et joue alors le rôle de protecteur des électrodes élémentaires noyées dans la masse.

132. LONGUEUR DES ÉLECTRODES. — Il serait évidemment impossible d'utiliser entièrement une électrode sans brûler la connexion d'arrivée de courant. Par suite, il semble rationnel de donner aux électrodes une grande longueur de façon à réduire l'importance rela-

tive du bout inutilisable. Mais l'accroissement de cette longueur entraîne une augmentation de la résistance de l'électrode et par suite de la quantité de chaleur inutilement dégagée par effet Joule. On devra donc déterminer la longueur à adopter en tenant compte à la fois des deux facteurs que nous venons d'indiquer.

Remarque. — On peut supprimer en grande partie la perte d'énergie résultant de l'effet Joule dans l'électrode, en faisant usage d'une connexion à contact mobile (voir n° 133).

133. CONNEXIONS DES ÉLECTRODES. — Les connexions doivent être très étudiées et très soignées car suivant leur disposition, elles donneront lieu à des frais d'entretien plus ou moins élevés et d'autre part la durée des électrodes elles-mêmes dépend en partie des connexions employées.

Lorsque la densité de courant doit être considérable, on refroidit les contacts au moyen d'une circulation d'eau.

Nous avons parlé plus haut de la connexion à contact mobile. C'est un système dans lequel l'électrode peut glisser à volonté entre les surfaces d'arrivée de courant.

ÉLECTROLYSE IGNÉE

CHAPITRE PREMIER

FAITS FONDAMENTAUX

134. DISSOCIATION ÉLECTROLYTIQUE. — On sait que les sels solides ne présentent pas de conductivité appréciable à la température ordinaire, mais qu'au voisinage de leur point de fusion, la conductivité de beaucoup d'entre eux s'élève légèrement et que le courant qui peut alors passer décompose le sel. Enfin, on sait que les sels fondus se comportent en général comme de très bons électrolytes.

L'hypothèse la plus simple se présentant à l'esprit pour expliquer ces phénomènes consisterait à admettre qu'à froid les sels ne seraient pas dissociés en ions et que la dissociation électrolytique (voir n° 35) résulterait ici de l'élévation de la température. Actuellement, cette hypothèse est repoussée par un grand nombre de physiciens qui pensent au contraire qu'en général, les sels solides seraient déjà partiellement dissociés en ions, même à la température ordinaire. Leur conductivité ne serait très faible que parce que les mobilités de ces ions (voir n° 59) seraient voisines de zéro. L'élévation de la conductivité du sel avec la température résulterait alors de l'augmentation des mobilités.

On ne connaît pas à l'heure actuelle d'expérience qui confirme de façon suffisamment décisive l'une ou l'autre de ces deux hypothèses. Cependant des raisons sérieuses rendent vraisemblable l'opinion de R. Lorenz d'après laquelle l'augmentation de la conductivité des sels solides ou fondus avec la température résulterait principalement de l'accroissement des mobilités des ions et subsidiairement de l'élévation du degré de dissociation [1] (n° 36).

Ce qu'il importe de retenir pour l'application industrielle, c'est le fait que les ions présents dans les sels fondus sont en tous points identiques aux ions correspondants présents dans les dissolutions. Notamment, ils ont la même polarité, la même valence et portent la même charge électrique.

135. Lois de Faraday. — D'après ce qui vient d'être dit, les lois de Faraday sont applicables à l'électrolyse ignée.

136. Conductibilité des sels fondus.

1° La conductibilité des sels fondus est généralement plus grande que celle des électrolytes dissous ;

2° Elle augmente rapidement avec la température ;

3° La conductivité d'un mélange de sels fondus peut se calculer approximativement si l'on connaît la conductivité à la même température de chacun des sels qui constituent ce mélange.

Supposons par exemple qu'il y ait deux sels. Désignons par :

1. Voir Richard Lorenz, die Elektrolyse geschmolzener Salze.

c_1 et c_2 les conductivités de chacun de ces sels à la température de l'expérience ;

v_1 et v_2, les volumes de ces sels présents dans le mélange ;

x, la conductivité du mélange.

L'expérience montre qu'on a approximativement :

$$x = \frac{v_1 c_1 + v_2 c_2}{v_1 + v_2}.$$

137. Tensions de décomposition électrolytique. — Ici, on ne sait pas les calculer *a priori*.

La règle de Thomson n'est plus applicable; mais les résultats qu'elle donne conservent une valeur qualitative en ce sens qu'ils indiquent lequel de deux sels donnés exige la tension la plus élevée pour être décomposé.

L'ordre de décharge des différents ions est le même que dans les dissolutions.

Les séparations électrolytiques sont réalisables.

138. Influences diverses agissant sur le rendement d'une électrolyse ignée. — 1° *Le rendement du courant* (voir n° 84) *diminue en général rapidement lorsque la température s'élève*.

Ce fait résulte des phénomènes suivants :

Lorsque la température est considérable, les métaux libérés se répandent à l'état de particules liquides très petites dans la masse environnant la cathode. L'ensemble de ces particules constitue ce qu'on appelle le *brouillard métallique*. D'autre part, il se produit dans le bain une convection continuelle qui devient d'autant plus importante que la température est plus élevée. Dans ces conditions, des particules métalliques seront amenées dans le voisinage de l'anode et la recombinaison des produits de la décomposition pourra avoir lieu.

2° *Le rendement du courant augmente avec l'écartement des électrodes.*

Ce fait s'explique immédiatement d'après ce qui précède.

3° *Le rendement du courant augmente d'abord très rapidement puis très lentement avec la densité de ce courant.*

Cette variation du rendement peut s'expliquer par le fait que l'élévation de la densité de courant entraîne d'abord une augmentation plus considérable de la décomposition que de la recombinaison résultant des phénomènes nuisibles, mais que si l'on élève encore la densité de courant l'importance de ces phénomènes grandit de telle façon que le rendement tend rapidement vers une limite maximum.

139. Fusibilité des mélanges de sels. — Les mélanges de sels ont toujours un point de solidification plus bas que celui du sel le moins fusible et parfois même que celui du sel le plus fusible entrant dans le mélange.

On verra un exemple de ce dernier fait au n° 140 D.

CHAPITRE II

ALUMINIUM

140. Principes généraux de la fabrication.

A. On prépare actuellement l'aluminium en soumettant à l'électrolyse ignée un mélange de cryolithe[1] et d'alumine, ce mélange pouvant en outre contenir du fluorure de calcium, du chlorure de sodium et du fluorure d'aluminium.

B. En principe, l'alumine seule est décomposée par le courant.

Sa tension de décomposition électrolytique n'est pas exactement connue; mais l'expérience montre que cette tension de décomposition est inférieure à celles de la cryolithe et des autres corps présents dans le mélange.

D'ailleurs le phénomène essentiel est évidemment ici la libération des ions $\overset{+++}{Al}$ à la cathode. Or, le potentiel de décharge de ces ions paraît être plus petit que celui des autres cations $\overset{+}{Na}$ et $\overset{++}{Ca}$ qui peuvent se trouver dans le bain.

C. Certaines perturbations pourront se produire :

1° Si l'alumine vient à faire défaut, la cryolithe est décomposée; une grande quantité de gaz fluorés se dégagent autour des anodes et la tension aux bornes de l'appareil s'élève.

1. N° 141, 2°.

Il est à remarquer que même en marche normale une certaine quantité d'ions F sont libérés aux anodes.

2° Si la température dépasse 1 000 ou 1 100°, l'aluminium libéré peut déplacer le sodium dans la cryolithe ; du sodium métallique sera donc mis en liberté et l'aluminium obtenu en contiendra une certaine quantité.

D. La cryolithe, le fluorure de calcium, le chlorure de sodium et le fluorure d'aluminium jouent ici le rôle de fondants.

La température de fusion de l'alumine est en effet très élevée (2020°). Celle de la cryolithe n'est que 977°. Le point de solidification d'un mélange en proportion convenable de ces deux corps pourra être inférieur au point de solidification de la cryolite elle-même, comme l'indique le diagramme ci-dessous :

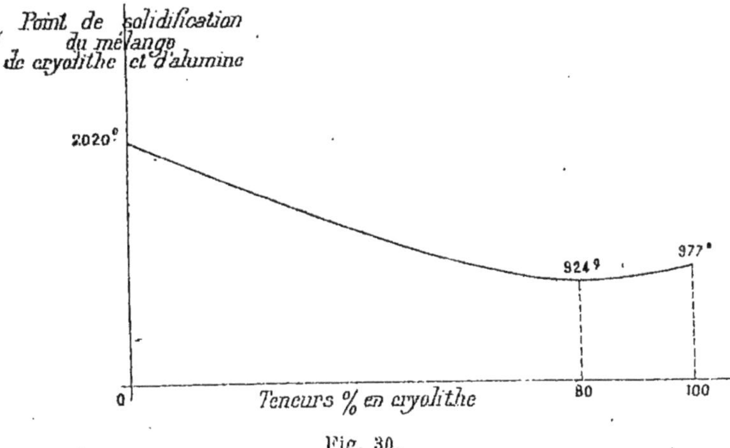

Fig. 30.

Pratiquement, on fait fondre d'abord la cryolithe, puis on ajoute l'alumine. On peut donc dire qu'*on électrolyse une dissolution d'alumine dans de la cryolithe fondue.*

Les fondants supplémentaires dont il a été parlé ci-dessus permettent d'abaisser encore la température du bain qui devient alors voisine de 750° ; en France, on n'utilise guère que le fluorure de calcium et le chlorure de sodium.

E. Pour obtenir de l'aluminium pur, il est *indispensable* de n'employer que des matières premières pures.

Or les minerais servant ici de points de départ renferment toujours des substances étrangères. L'ensemble de la fabrication qui nous occupe comprendra donc deux stades successifs :

1° Préparation de matières premières pures ;

2° Préparation proprement dite de l'aluminium.

144. MINERAIS. — 1° *Bauxite*. — C'est de l'alumine hydratée ($Al^2O^3,3H^2O$) renfermant de l'oxyde ferrique, de la silice et quelquefois une petite quantité d'acide titanique (TiO^2).

On renonce ordinairement à utiliser pour la fabrication de l'aluminium les bauxites contenant plus de 6 p. 100 de silice.

Les bauxites rouges doivent leur couleur à la proportion élevée d'oxyde ferrique qu'elles renferment ; elles contiennent très peu de silice.

Il existe d'importants gisements de bauxite dans le midi de la France.

2° *Cryolithe*. — C'est un fluorure double d'aluminium et de sodium qui répond à la formule $AlF^3,3NaF$.

La cryolithe naturelle provient principalement du Groenland. Elle renferme environ 20 p. 100 d'impuretés qui sont constituées par divers sulfures métalliques, de la sidérose (carbonate de fer) et du quartz.

3° *Spath fluor*. — Le spath fluor est du fluorure de calcium (CaF^2) naturel.

Il en existe en Auvergne des quantités assez importantes. Le spath fluor est ordinairement mélangé à du quartz.

142. PRÉPARATION DES MATIÈRES PREMIÈRES. — A. Alumine. — On l'obtient en partant de la bauxite. Un grand nombre de méthodes sont utilisées dont voici les plus importantes :

1° *Procédé Bayer.* — La bauxite broyée et tamisée est traitée dans un autoclave par une solution concentrée de soude caustique à la température de 150° environ. Il se forme de l'aluminate de sodium AlO^2Na qui est soluble et que l'on sépare des impuretés par filtration.

La solution d'aluminate de sodium est alors mise en présence d'une petite quantité d'alumine hydratée cristallisée. Dans ces conditions, la majeure partie de l'aluminate se décompose en quelques jours ; l'alumine qu'il contient se dépose et la soude caustique est mise en liberté.

L'alumine ainsi obtenue est déshydratée par une calcination à 1.200°.

2° *Procédé Serpek.* — On chauffe électriquement un mélange de bauxite et de charbon sur lequel on fait passer un courant d'azote. Il se forme un azoture d'aluminium d'après la réaction :

$$Al^2O^3 + 3C + 2Az = 2AzAl + 3CO$$

Cet azoture traité à l'autoclave par une solution étendue de soude caustique donne de l'aluminate de sodium et de l'ammoniaque; on a :

$$AzAl + NaOH + H^2O = AlO^2Na + AzH^3.$$

L'aluminate de sodium ainsi produit se décompose en alumine et en soude caustique.

3° *Procédé Hall*. — La bauxite est mélangée à du charbon puis traitée au four électrique (agissant ici uniquement par effet Joule). Le charbon réduit l'oxyde ferrique, la silice, l'acide titanique (et une petite quantité d'alumine). L'alliage de fer, silicium, titane et aluminium ainsi produit se rassemble au fond du four tandis que l'alumine pure surnage. La séparation peut alors s'effectuer facilement.

B. **Cryolithe.**

1° La cryolithe naturelle est ordinairement débarrassée de ses impuretés par un triage magnétique et mécanique ;

2° On utilise aussi de la cryolithe artificielle. Celle-ci peut être obtenue par un grand nombre de procédés. Citons par exemple le suivant :

On traite du fluorure de calcium par de l'acide sulfurique ce qui donne de l'acide fluorhydrique qu'on fait alors réagir sur de l'alumine et sur du bioxyde de sodium. On a la réaction :

$$12HF + Al^2O^3 + 3Na^2O^2 = 2\,(AlF^3,3NaF) + 3H^2O^2 + 3H^2O.$$

C. **Fluorure de calcium**. — On l'obtient en séparant le spath fluor du quartz auquel il est ordinairement mélangé. Cette opération s'effectue par un simple triage.

D. **Fluorure d'aluminium**. — On le prépare en faisant agir l'acide fluorhydrique sur l'alumine.

143. Fours a aluminium. — Ils présentent ordinairement l'une des deux dispositions ci-dessous :

C'est le fond des fours qui sert de cathode ; les anodes sont suspendues au-dessus. Dans le four représenté par

la figure XXXI, la barre négative d'amenée de courant
est noyée dans un garnissage constitué par du charbon

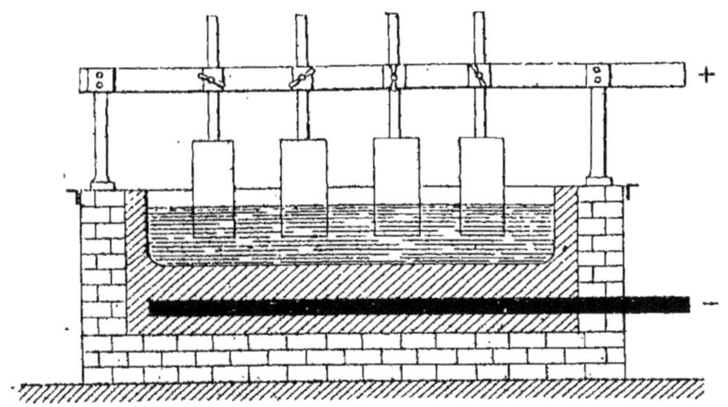

Fig. 31.

aggloméré avec du goudron ; ce garnissage doit être
recuit avant la mise en service de la cuve[1]. Dans le

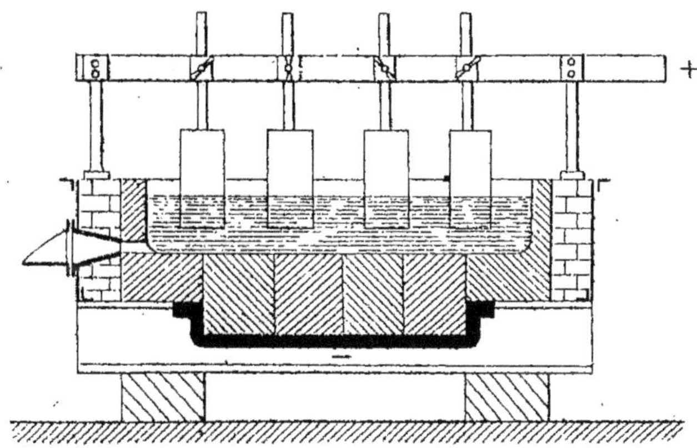

Fig. 32.

four représenté par la figure XXXII, le garnissage est
formé par des blocs de charbon serrés par une mâchoire

1. Ce recuit s'obtient souvent en chauffant la cuve pendant vingt-
quatre heures dans un four spécial.

métallique qui est connectée avec le pôle négatif.

Le revêtement en briques a pour but de réduire les pertes de chaleur. Mais l'électrolyte ne doit être en contact qu'avec le garnissage en charbon.

144. PRÉPARATION PROPREMENT DITE DE L'ALUMINIUM. — *A*. **Mise en marche des fours**. — La cuve étant d'abord vide on y place vis-à-vis des anodes, des blocs de charbon avec lesquels on met ces anodes en contact. Ensuite, après avoir porté ces blocs au rouge par l'action du courant, on alimente progressivement en cryolithe, puis en autres fondants. Enfin, lorsque le volume du bain est suffisant, on enlève les blocs de charbon et on ajoute de l'alumine.

B. **Marche normale**. — On a vu (n° 140) que c'est l'alumine qui doit être électrolysée. Mais pour cela, il faut qu'il y en ait une quantité suffisante dans le bain. Lorsqu'il en est ainsi, la tension aux bornes du four est égale à 8 volts environ. Si l'alumine vient à faire défaut, la cryolithe est décomposée et la tension s'élève brusquement à 20 volts. On peut constituer très simplement une sorte d'avertisseur automatique en montant en dérivation aux bornes du four une lampe qui rougit dès que le phénomène ci-dessus se produit.

Il faut avoir soin de ne pas exagérer la teneur en alumine (qui doit être voisine de 10 p. 100) afin d'éviter l'élévation de la température de fusion du mélange.

C. **Obtention de l'aluminium**. — On l'extrait du four soit par coulée, soit au moyen de louches en fer de grandes dimensions. (Dans ce dernier cas, on doit changer la louche employée dès que sa température s'est notablement élevée afin d'éviter que l'aluminium se charge de fer).

On sépare l'aluminium de l'électrolyte entraîné, par une simple décantation.

Remarque I. — Il est très recommandable de toujours laisser au fond du four une couche d'aluminium, car la présence de cette couche favorise l'agglomération de l'aluminium ultérieurement libéré.

Remarque II. — L'aluminium obtenu est presque toujours soumis à une seconde fusion dans des creusets de graphite.

SECTION III

CHIMIE ET MÉTALLURGIE ÉLECTROTHERMIQUES

CHAPITRE PREMIER

COMBUSTION ÉLECTROTHERMIQUE DE L'AZOTE

145. BUT DE L'OPÉRATION. — La combustion électrothermique de l'azote fournit de l'oxyde azotique AzO qu'on peut ensuite employer pour fabriquer de l'acide azotique.

146. IMPORTANCE DE LA QUESTION. — Jusqu'à ces dernières années, l'acide azotique était préparé presque exclusivement en partant du salpêtre du Chili ou du Pérou. Or les gisements chiliens et péruviens s'épuisent assez rapidement et malgré de nombreuses recherches on n'a pu découvrir jusqu'à présent aucun autre gisement de salpêtre qui ait une importance notable. D'autre part les applications industrielles de l'acide azotique et des azotates s'accroissent constamment. En outre, on sait que les azotates jouent un rôle très important dans la fertilisation du sol ; on peut il est vrai les remplacer dans une certaine mesure par des engrais ammoniacaux et ceux-ci ne sont pas près de faire défaut ; mais ils ne paraissent pas donner des résultats équivalents et la culture intensive qui a lieu dans tous les pays civilisés et qui produit un rapide épuisement du sol semble exiger dans bien des cas l'emploi d'engrais renfermant l'azote sous forme azotique[1].

On aperçoit donc les conséquences très sérieuses qu'aurait entraînées dans quelques dizaines d'années l'épuisement des gisements de salpêtre, si l'on n'avait pas découvert d'autres moyens de préparer l'acide azotique ou les azotates. Parmi ces moyens, le plus important est celui qui dérive de la combustion électrothermique de l'azote.

Remarque I. — La fixation électrochimique de l'azote atmosphérique peut se faire autrement que par formation d'un produit azotique. Ainsi, on fixe encore l'azote en préparant de la cyanamide calcique (voir n° 158, 2°), qui est un engrais ammoniacal.

Remarque II. — Depuis les travaux de Müntz et Laîné sur les fermentations nitreuse et nitrique, on sait réaliser la nitrification dans des conditions très supérieures à celles des anciennes nitrières. A l'heure actuelle, il est impossible de prévoir la concurrence que cette méthode pourrait faire à la fabrication de l'acide azotique et des azotates par la voie électrochimique.

147. THÉORIE DE LA COMBUSTION ÉLECTROTHERMIQUE DE L'AZOTE. — On utilise les réactions réversibles suivantes :

$$1° \qquad Az^2 + O^2 \rightleftarrows 2AzO.$$

Cet équilibre a lieu entre 1 000 et 2 400°.

---

1. On admet actuellement que les engrais ammoniacaux doivent subir successivement les fermentations nitreuse et nitrique (qui les transforment d'abord en azotites puis en azotates) avant de pouvoir être assimilés par les végétaux.

2° $$Az^2 + 2O \rightleftarrows 2AzO.$$

Cet équilibre a lieu entre 2 400 et 3 600°.

3° $$Az + O \rightleftarrows AzO.$$

Cet équilibre a lieu au-dessus de 3 500°.

Les deux premières réactions sont de beaucoup les plus importantes. La troisième se produit relativement peu à cause du fait que même aux températures extrêmes réalisées dans l'arc, le nombre de molécules Az^2 dissociées en atomes Az est assez faible.

A l'heure actuelle, les deux dernières réactions sont très mal connues. La première au contraire a pu être étudiée avec une certaine précision ; notamment, on sait depuis longtemps qu'elle absorbe 21,6 c. par molécule-gramme d'oxyde azotique formé.

La loi de modération (voir n° 31) nous permet alors de prévoir le sens dans lequel se déplacera l'équilibre sous l'action d'une élévation de température : il est clair que celle-ci déterminera la formation d'une certaine quantité d'oxyde azotique, puisque cette formation est ici endothermique.

Il faudra donc pour obtenir une grande concentration en oxyde azotique (supposé momentanément préparé par la seule réaction 1°), opérer avec une température aussi élevée que possible [1] ; de là l'emploi de l'arc électrique.

La loi de modération nous montre de même que tout abaissement de température détermine la dissociation d'une certaine quantité d'oxyde azotique. C'est ce qu'on appelle la *rétrogradation*.

---

1. Remarquons en outre que d'après la loi du n° 23 l'équilibre sera atteint avec une extrême rapidité aux températures très hautes.

Il semble donc que l'oxyde azotique formé pendant l'échauffement doive se décomposer pendant le refroidissement et que par suite, il soit impossible d'obtenir ce corps à la température ordinaire en partant de sa préparation électrothermique. Mais la dissociation de l'oxyde azotique n'est pas instantanée ; dans des conditions données, elle s'accomplit avec une vitesse déterminée [1] (voir n°^{s} 23 et 24). Par suite, en réalisant un refroidissement très rapide de l'oxyde azotique formé, on pourra ne pas laisser à sa décomposition le temps de s'effectuer complètement et il sera possible d'amener une notable quantité de ce corps à une température assez basse pour que la vitesse de sa décomposition soit pratiquement négligeable. (Nous verrons d'ailleurs qu'au-dessous de 600° d'autres phénomènes interviennent).

Jusqu'à présent, nous avons raisonné comme si la réaction 1° était seule à s'accomplir. Mais nous savons qu'en réalité les équilibres 2° et 3° se produisent aussi. Or la formation de l'oxyde azotique par ces deux dernières réactions est exothermique. Il résulte de là que la concentration obtenue en oxyde azotique passe par un maximum quand la température s'élève.

La position de ce maximum est plus qu'incertaine. Mais tout porte à croire qu'il n'est atteint qu'à une température extrêmement élevée. Pratiquement, il n'y a pas lieu de tenir compte de son existence.

Remarque. — On sait que le mélange d'azote et d'oxygène soumis dans l'industrie à l'action de l'arc n'est

---

[1] Il est bon de savoir que pour une température donnée l'équilibre s'établit beaucoup plus vite lorsqu'on part de l'oxyde azotique que lorsqu'on part d'un mélange d'azote et d'oxygène.

autre que l'air. Si la proportion d'oxygène était augmentée sans cependant dépasser une certaine limite, la concentration d'équilibre en oxyde azotique serait augmentée aussi.

En effet, considérons d'abord la première réaction et désignons par :

C_{Az} la concentration en azote.

C_{O} la concentration en oxygène.

C_{AzO} la concentration en oxyde azotique.

K la constante de l'équilibre.

$$Az^2 + O^2 \rightleftarrows 2AzO.$$

La loi d'action de masse (voir n° 32) appliquée à cet équilibre nous donne :

$$\frac{C_{Az^2}\, C_{O^2}}{C^2_{AzO}} = K$$

d'où

$$C_{AzO} = \sqrt{\frac{C_{Az^2}\, C_{O^2}}{K}} \tag{34}$$

Or pour une pression donnée, la pression atmosphérique par exemple, la somme des concentrations initiales en azote et en oxygène est nécessairement la même pour toutes les compositions possibles du mélange. (Ainsi, supposons que ces concentrations soient exprimées en volumes pour cent [1], $\frac{V_1}{100}$ et $\frac{V_2}{100}$. Leur somme sera évidemment dans tous les cas : $\frac{V_1}{100} + \frac{V_2}{100} = \frac{100}{100} = 1$). D'autre part, la concentration obtenue en oxyde azotique est toujours faible; on peut donc admettre sans grande erreur que les concentrations en

---

1. En principe, les concentrations sont exprimées en nombres de molécules-grammes par unité de volume. On pourrait aisément vérifier que l'emploi de cette convention ne changerait pas le résultat que nous établissons ici.

azote et en oxygène conservent sensiblement leurs valeurs initiales. D'après ce qui précède, on peut alors écrire :

$$C_{Az^2} + C_{O^2} = C^{te}$$

et une proposition mathématique bien connue nous apprend qu'étant donnée cette relation, le produit :

$$C_{Az^2} C_{O^2}$$

sera maximum lorsqu'on aura :

$$C_{Az^2} = C_{O^2}.$$

D'après la formule (34), cette condition assurera évidemment le maximum de C_{AzO}.

Cela posé, comparons les concentrations en oxyde azotique obtenues en partant soit de l'air, soit du mélange à volumes égaux d'azote et d'oxygène. Dans le premier cas, la formule (34) donne :

$$C_{AzO} = \sqrt{\frac{0,79 \times 0,21}{K}} = \frac{0,407}{\sqrt{K}}$$

et dans le second cas :

$$C_{AzO} = \sqrt{\frac{0,5 \times 0,5}{K}} = \frac{0,5}{\sqrt{K}} .$$

La concentration en AzO augmente donc approximativement de $\frac{1}{4}$ (avec la réaction 1°) lorsqu'on remplace l'air par le mélange à volumes égaux d'oxygène et d'azote.

On verrait de façon analogue que la majoration de concentration en AzO obtenue par le même changement de proportion dans le mélange initial est égale à $\frac{36}{100}$ pour la réaction 2° et à $\frac{51}{100}$ pour la réaction 3°.

Jusqu'à présent, l'emploi d'air enrichi en oxygène n'est pas entré dans la pratique industrielle.

Concentrations en oxyde azotique obtenues en partant de l'air. — On peut admettre que dans les régions les plus chaudes de l'arc la concentration d'équilibre en oxyde azotique atteint approximativement 5 p. 100. Après refroidissement (au-dessus de 600°), la proportion d'oxyde azotique est ordinairement comprise entre 1 et 2 p. 100.

148. — Principes d'application.

1° **Chambre de flamme.** — Il y a intérêt à ce qu'elle soit très étroite afin que l'arc l'emplisse aussi complètement que le permettent certaines conditions limitatives. L'une de ces conditions résulte de l'obligation de ne pas compromettre la stabilité de l'arc, l'autre de la nécessité de ne pas soumettre les parois à un échauffement excessif.

2° **Électrodes.** — On sait qu'ici les électrodes sont en fer ou en cuivre et souvent refroidies par un courant d'eau circulant à l'intérieur. Ce refroidissement ne doit pas être trop énergique car il diminuerait la stabilité de l'arc.

Les électrodes doivent être montées de telle façon que malgré leur usure, on puisse toujours leur donner le même écartement initial pour produire l'allumage.

3° **Arcs.**

a) En principe, il y a intérêt à souffler continuellement les arcs soit magnétiquement (voir n° 116 A 7°) soit au moyen d'un courant d'air (voir n° 116 A 6°) afin d'augmenter le contact entre l'arc et la masse gazeuse. Cela sera particulièrement justifié si la chambre de flamme a une largeur un peu considérable. Le soufflage magnétique[1] tend à être abandonné à cause de la complication qu'il introduit dans l'appareillage.

b) Signalons encore que pour un débit gazeux invariable, la quantité d'oxyde azotique produite par unité d'énergie électrique dépensée croît d'abord avec la longueur de l'arc utilisé, puis décroît si à partir d'une certaine limite cette longueur est encore augmentée. Ces faits s'expliquent très simplement : tant que la teneur en AzO n'a pas atteint la concentration d'équilibre, la quantité de ce gaz produite par l'arc augmente avec la longueur de la zone de contact entre cet arc et l'air. Mais lorsque la concentration d'équilibre est atteinte, c'est en pure perte qu'on allonge encore l'arc ; rappelons que la puissance consommée dans un arc électrique est proportionnelle à sa longueur.

4° Débits gazeux.

a) Pour un appareil donné, la quantité d'oxyde azotique produite par unité d'énergie électrique dépensée augmente d'abord avec le débit gazeux, puis décroît.

b) Pour un appareil donné la concentration en oxyde azotique est d'autant plus grande que le débit gazeux est plus faible.

Remarquons que cette concentration ne peut dépasser la concentration d'équilibre correspondant à la température de l'opération.

c) Il y a généralement avantage à adopter un débit gazeux inférieur à celui qui donnerait la quantité maximum d'oxyde azotique pour une dépense donnée d'énergie électrique ; on peut ainsi obtenir l'AzO avec une

---

1. On utilise surtout :
Les champs magnétiques constants agissant sur un arc produit par du courant alternatif.
Les champs tournants.

concentration plus élevée, ce qui facilite notablement la transformation ultérieure de ce corps en acide azotique (voir n° 150).

5° Refroidissement des gaz. — Il devra être aussi brusque que possible surtout au début.

149. Four Schönherr. — Dans cet appareil, l'arc jaillit entre la paroi intérieure d'un tube vertical en fer A, servant de chambre de flamme, et une électrode centrale B située à l'extrémité inférieure de ce tube. L'électrode B est également en fer ; elle est refroidie extérieurement par un courant d'eau circulant dans une enveloppe en cuivre (non représentée sur la figure).

L'arc électrique produit s'allonge jusqu'à la partie supérieure du tube A grâce à l'insufflation d'air qui est effectuée à la partie inférieure. (En augmentant la pression d'insufflation, on peut d'ailleurs allonger l'arc à volonté, du moins jusqu'à une certaine limite.) Pendant la marche normale, l'arc prend attache dans la région refroidie, comme l'indique la figure.

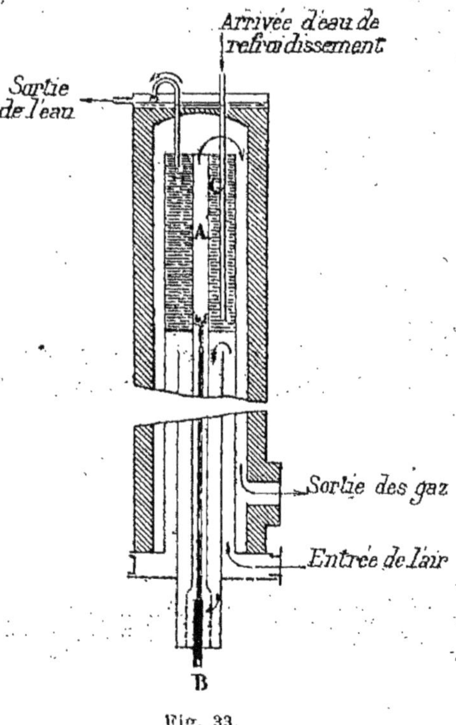

Fig. 33.

L'air circule deux fois autour du tube avant d'y être introduit ; cet air atteint ainsi une température préliminaire d'environ 500°. Son introduction est faite tangentiellement aux parois ce qui donne aux gaz un mouvement tourbillonnaire. Le but de ce mouvement est double : il peut dans une certaine mesure assurer un contact plus complet entre l'air et l'arc ; en outre, il contribue à maintenir ce dernier bien au centre du tube jusqu'au moment où cet arc arrive dans la région où il doit normalement prendre attache.

Une circulation d'eau C est réalisée autour de la partie supérieure du tube, ce qui produit un refroidissement rapide des gaz [1]. Après leur sortie de l'appareil, ceux-ci sont employés au chauffage de chaudières [2,3].

150. UTILISATION DE L'OXYDE AZOTIQUE. — Lorsque la température s'abaisse au-dessous de 600°, l'oxyde azotique se combine à l'oxygène de l'air en donnant du peroxyde d'azote d'après la réaction bien connue :

$$2AzO + O^2 \rightleftarrows 2AzO^2.$$

A une température inférieure à 180°, le peroxyde d'azote subit une polymérisation partielle et contient

---

1. Rappelons qu'au-dessous de 1 000° environ, la vitesse de la réaction de rétrogradation devient pratiquement nulle.

2. La quantité de chaleur perdue par rayonnement étant assez considérable, on a proposé de placer l'appareil à l'intérieur même d'une chaudière. Jusqu'à présent, cette disposition n'a pas été appliquée industriellement.

3. D'après Schönherr, la répartition de l'énergie fournie aux appareils dans l'installation de la Badische Anilin und Soda Fabrik serait la suivante :
Énergie utilisée pour la formation de l'oxyde azotique : 3 p. 100.
Énergie absorbée par l'eau de refroidissement : 50 p. 100.
Énergie récupérée dans les chaudières : 30 p. 100.
Énergie perdue par rayonnement : 17 p. 100.

alors à la fois des molécules AzO^2 et des molécules Az^2O^4. On a :

$$2AzO^2 \rightleftarrows Az^2O^4.$$

Si l'on fait maintenant réagir ce gaz sur l'eau, il se produit la réaction [1] :

$$Az^2O^4 + H^2O = AzO^3H + AzO^2H.$$

Dès que les molécules Az^2O^4 sont absorbées, il s'en reforme une nouvelle quantité d'après les lois des équilibres, ce qui fait que la plus grande partie du peroxyde d'azote est utilisée dans la réaction ci-dessus.

Presque en même temps, l'acide azoteux se décompose ; on a :

$$3AzO^2H = AzO^3H + 2AzO + H^2O.$$

Enfin, l'oxyde azotique ainsi formé se combine à l'oxygène en donnant de nouveau du peroxyde d'azote qui réagit comme précédemment. On voit donc qu'en fin de compte on n'aura plus que de l'acide azotique.

Le mélange d'AzO^2 et d'Az^2O^4 étant dilué dans un grand excès d'air et ayant par suite une pression très faible, le nombre de molécules Az^2O^4 sera, d'après les lois des équilibres, relativement minime. Il résulte de là que l'absorption par l'eau du mélange d'AzO^2 et d'Az^2O^4 ne se produira que lentement, surtout vers la fin de l'opération puisque la dilution de ce mélange va en augmentant. C'est pourquoi après avoir mis le mélange gazeux en contact avec l'eau, on fait ordinairement réagir ce qui en reste sur des solutions basiques qui donnent une absorption plus rapide. Il se produit alors des azotites [2].

---

1. On admet actuellement que la molécule AzO^2 ne réagit pas sur l'eau.

2. Lorsqu'on met en contact avec les solutions basiques des gaz

La lenteur de l'absorption du mélange gazeux impose l'emploi d'un matériel de dimensions considérables. On fait ordinairement passer ce mélange dans une série de tours remplies de matières inertes constamment arrosées par l'eau (ou par la solution basique) ; les gaz circulent en sens inverse, c'est-à-dire de bas en haut.

151. LIQUÉFACTION DES GAZ. — La liquéfaction des gaz sortant des fours présenterait certains avantages sur lesquels plusieurs savants ont depuis quelques années attiré l'attention.

1° On obtiendrait ainsi du peroxyde d'azote liquide ; or les applications éventuelles de ce corps auraient un assez grand intérêt :

a) Le peroxyde d'azote liquide mis en contact avec de l'eau et de l'oxygène sous pression donne directement de l'acide azotique concentré.

b) Mis en contact avec de l'oxyde azotique, il produit de l'anhydride azoteux.

c) Enfin le peroxyde d'azote liquide pourrait servir à la préparation de certains explosifs.

2° D'autre part, la liquéfaction des gaz donnerait principalement de l'air liquide ; or on sait que l'ébullition fractionnée [1] de ce corps fournit de l'azote et de l'oxygène. Dans ces conditions :

a) Il serait possible de traiter dans les fours un

suffisamment refroidis et n'ayant pas encore subi d'absorption, ce sont des azotates qui se forment.

Enfin, lorsque les gaz mis en contact avec les solutions basiques n'ont pas subi d'absorption mais sont encore assez chauds (300° environ) on obtient des azotites.

1. En réalité, il y aurait intérêt à effectuer de préférence une liquéfaction partielle.

mélange à volumes égaux d'oxygène et d'azote; nous avons vu à la Remarque du n° 147 que l'emploi de ce mélange était notablement plus avantageux que celui de l'air.

b) L'excès d'azote pourrait être utilisé dans diverses fabrications, notamment dans celle de la cyanamide calcique (voir n° 158, 2°).

Malgré les avantages que nous venons d'énumérer, la liquéfaction des gaz n'est pas entrée dans la pratique industrielle ce qui se justifie parfaitement par la dépense élevée que cette liquéfaction entraînerait. Cependant, il serait imprudent d'affirmer qu'elle n'ait aucun avenir ; elle serait vraisemblablement susceptible d'application en vue de préparations particulières et sur une échelle restreinte.

CHAPITRE II

CARBURE DE CALCIUM

152. Principe de la fabrication. — On chauffe au four électrique un mélange de chaux et de charbon. On a la réaction [1] :

$$CaO + 3C = CaC^2 + CO.$$

153. Matières premières et leur mélange. — 1° La chaux employée doit être très pure. Notamment, la proportion de phosphates qu'elle peut renfermer doit être négligeable ; s'il n'en était pas ainsi, il se formerait en même temps que le carbure une quantité appréciable de phosphure de calcium qui, au contact de l'eau, donnerait du phosphure d'hydrogène P^2H^4, spontanément inflammable ; la formation de ce corps accompagnant alors celle de l'acétylène pourrait être une cause d'accidents.

On devra encore proscrire particulièrement les chaux renfermant une quantité notable de magnésie ou d'alumine. La présence de ces corps donne une grande viscosité au carbure fondu et augmente les difficultés de la coulée qui normalement sont déjà considérables.

1. Cette réaction est endothermique ; elle se produit en absorbant 105 calories. D'après plusieurs savants, elle serait réversible et il existerait à chaque température une tension de dissociation de l'oxyde de carbone qui limiterait à la fois les deux réactions inverses. Industriellement, il n'y a pas lieu de tenir compte de ce fait puisqu'on n'opère pas en vase clos.

Enfin, on évitera autant que possible d'employer des chaux renfermant des silicates, des sulfates ou même du fer (quoique ce dernier corps soit beaucoup moins nuisible).

2° La teneur en cendres du charbon ne doit pas être trop élevée ; en outre, il est avantageux que ce charbon soit poreux. Le charbon de bois serait préférable au coke qui lui-même donne de meilleurs résultats que l'anthracite ; on constate que l'emploi de ce dernier produit fréquemment dans le four des projections de carbure.

3° Le mélange de chaux et de charbon peut être fait suivant le rapport $\frac{56}{36}$ donné par la réaction ci-dessus ; ordinairement, on emploie une quantité de charbon un peu plus considérable.

4° Ce mélange doit être simplement concassé en fragments ayant environ la grosseur d'un œuf et non pulvérisé, afin de faciliter le dégagement de l'oxyde de carbone.

154. Difficulté de couler le carbure. — La température de fusion du carbure de calcium n'est pas exactement connue ; mais elle est très élevée et probablement supérieure à 3000°. D'autre part, le carbure présente le phénomène de la fusion pâteuse. Enfin, la capacité calorifique de ce corps est très petite ; il résulte de là que sa surface se refroidit et se solidifie très rapidement lorsqu'il se trouve mis en contact avec l'air froid. La coulée du carbure sera donc difficile à réaliser.

Il semble qu'on puisse faire disparaître cette difficulté en produisant un surchauffage. Mais à très haute température (3500° environ), le carbure de calcium se dissocie partiellement en calcium et en carbone.

155. Moyens employés pour faciliter la coulée. — Ces moyens sont :

1° La formation d'un mélange de carbure et de chaux, ce mélange étant plus fusible que le carbure de calcium pur.

2° Le chauffage du trou de coulée par un arc électrique auxiliaire.

3° L'augmentation de la densité de courant à travers la sole du four.

Cette augmentation s'obtient en réduisant la surface de la sole par rapport à la surface active des électrodes.

On peut ainsi réaliser un chauffage très énergique de la matière immédiatement placée sur la sole, c'est-à-dire du carbure, et par suite maintenir plus sûrement celui-ci à l'état fluide.

4° L'augmentation de la capacité des fours. — Cette augmentation de capacité diminue évidemment l'influence du refroidissement par les parois. D'autre part, le carbure étant obtenu en quantité plus considérable, se refroidit moins rapidement pendant la coulée.

A ces moyens, il faut évidemment ajouter le rejet des chaux renfermant des quantités notables de magnésie ou d'alumine (voir n° 153, 1°).

156. Fabrication discontinue et fabrication continue. — La difficulté d'effectuer la coulée du carbure a d'abord conduit à adopter un mode de travail discontinu : dans ce procédé, on ne coule pas le carbure formé ; on met simplement le four hors circuit et l'on extrait la masse qu'il contient lorsqu'elle est solidifiée. Le « pain » ainsi obtenu est brisé en morceaux et l'on sépare le carbure des fragments de chaux ou de charbon par un triage à la main.

Au contraire, dans le cas de la fabrication continue, le carbure est extrait du four par coulée.

Ces deux modes de travail présentent les avantages et les inconvénients suivants :

1° La fabrication continue exige une dépense supplémentaire de chaleur à cause de la nécessité de fluidifier le carbure.

Mais dans la fabrication discontinue, il se produit une perte de chaleur qui résulte du refroidissement du four.

2° La dissociation d'une partie du carbure formé est particulièrement à craindre avec la fabrication continue.

Mais dans la fabrication discontinue, il y a toujours une perte de carbure lors du triage.

En fait, le travail continu paraît exiger, pour une même production de carbure, une moindre quantité de matières premières que le travail discontinu.

3° Avec la fabrication discontinue, il est inutile de chercher à former un mélange de carbure et de chaux (voir n° 155, 1°) ; il résulte de là qu'on obtient plus facilement un produit à haute teneur en carbure avec le travail discontinu qu'avec le travail continu.

4° La fabrication discontinue exige beaucoup plus de main-d'œuvre que la fabrication continue.

Comme on le voit, les divers arguments qui viennent d'être donnés en faveur de chacun des deux procédés ne tranchent pas nettement la question. Industriellement, les deux méthodes sont utilisées. Mais depuis quelques années la fabrication continue du carbure paraît gagner du terrain. Cela est certainement dû pour une part au fait que les moyens permettant d'effectuer plus facilement la coulée sont actuellement bien au point (n° 155). Mais cela indique aussi que la fabrication continue est la plus avantageuse. Cependant, cette conclusion ne devrait certainement pas être étendue aux fours de petite puissance qui tendent d'ailleurs à disparaître[1].

157. Fours a carbure de calcium. — Ils fonctionnent soit comme fours à résistance soit comme fours à arc.

Le fond du four constitue l'un des pôles, l'autre pôle

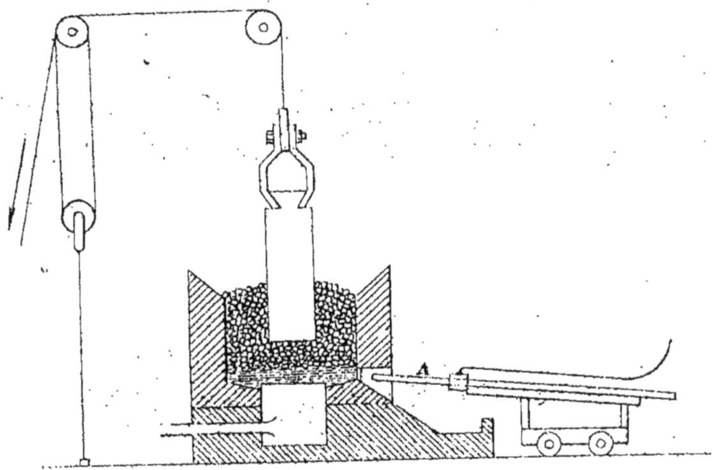

Fig. 34.

étant formé par une électrode mobile qui descend à volonté dans le four[2].

A est une électrode auxiliaire destinée à chauffer le trou de coulée (voir n° 155, 2°).

On alimente presque toujours le four avec du courant alternatif. Indépendamment des avantages généraux que ce courant présente relativement au continu

---

1. On a construit des fours qui peuvent fournir jusqu'à 100 tonnes de carbure par jour.

2. Dans les fours de grande capacité, il y a plusieurs électrodes.

(voir n° 120), son emploi permet d'éviter ici toute action électrolytique nuisible.

158. Usages du carbure de calcium. — Les deux principaux usages du carbure de calcium sont la fabrication de l'acétylène et celle de la cyanamide calcique.

1° Acétylène. — Lorsqu'on met le carbure de calcium en contact avec l'eau, on a la réaction :

$$CaC^2 + 2H^2O = Ca(OH)^2 + C^2H^2$$

2° Cyanamide calcique. — Lorsqu'on fait passer de l'azote sur du carbure de calcium chauffé au rouge, on a :

$$CaC^3 + 2Az = CaCAz^2 + C.$$

Le corps $CaCAz^2$ est la cyanamide calcique.

Les conditions de cette réaction sont les suivantes :

a) On peut se servir du carbure de calcium du commerce.

b) L'azote employé doit être pur et sec.

c) Le carbure est d'abord chauffé vers 900° ; ce chauffage est actuellement réalisé par effet Joule au moyen d'une résistance centrale. Puis lorsque la réaction est amorcée, elle se continue sans qu'il soit utile de chauffer plus longtemps, car elle est exothermique. Un chauffage excessif aurait d'ailleurs pour effet de dissocier la cyanamide calcique formée.

La cyanamide calcique est utilisée en agriculture comme engrais.

CHAPITRE III

ÉLECTROSIDÉRURGIE[1]

159. MODE D'EMPLOI DU COURANT. — En électrosidérurgie, le courant agit uniquement par effet Joule[2].

160. COMPARAISON DE L'ÉLECTROSIDÉRURGIE ET DE LA SIDÉRURGIE ORDINAIRE.

A. — Produits obtenus.

1° L'affinage électrothermique donne des aciers très supérieurs à ceux que fournit la sidérurgie ordinaire lorsqu'elle part des mêmes matières premières. Ce fait s'explique comme il suit :

a) La haute température qu'on peut produire ici permet de faire usage de laitiers extrêmement basiques qui au four Martin par exemple seraient infusibles. Ces laitiers assurent une déphosphoration et une désulfuration très complètes.

En outre, l'élévation de la température facilite et accélère les réactions d'affinage.

---

1. Nous supposerons connu tout ce qui est relatif à la sidérurgie ordinaire.

2. Pour être complet, nous devons signaler qu'on a tenté de préparer le fer électrolytiquement, mais par voie humide. Ce procédé paraît être resté jusqu'à présent confiné dans les laboratoires ou à peu près.

Dans l'exposé fait ici, il ne sera question que de l'électrosidérurgie par voie sèche.

b) Le fait que l'atmosphère peut n'être pas oxydante (voir n° 124, 4°) contribue aussi à assurer la pureté du métal obtenu.

c) Enfin, lorsque le four électrique remplace un convertisseur, il présente sur ce dernier l'avantage d'avoir une température qui n'est pas fonction de la composition du bain. On peut alors conduire les opérations avec une grande liberté. Ainsi, dans le convertisseur, on est souvent obligé de réchauffer la masse par addition de ferro-silicium, le silicium étant alors utilisé comme combustible interne. Il faut en outre détruire l'oxyde de fer produit par le soufflage en ajoutant du ferro-manganèse ; le manganèse agit alors comme réducteur et formé un oxyde qui passe dans la scorie. Avec le four électrique, les additions pourront au contraire être faites à volonté. Enfin, la chaleur ne provenant pas ici des réactions intérieures, il sera facile de prolonger l'affinage jusqu'à ce qu'on ait obtenu exactement le produit qu'on désire.

L'expérience montre en outre :

d) Que les aciers électriques renferment moins de gaz occlus que les aciers obtenus par les procédés ordinaires. D'une façon générale, cela résulte de la possibilité d'avoir une atmosphère non oxydante et de la facilité avec laquelle on peut atteindre la température optima pour la coulée ; relativement aux convertisseurs, cela provient en outre de l'absence de soufflage et de la moindre importance des réactions intérieures [1].

e) Qu'à composition chimique identique les aciers électriques ont des propriétés mécaniques supérieures à

---

1. Rappelons que l'acier obtenu au convertisseur renferme plus de gaz occlus que l'acier obtenu au four Martin.

celles des aciers au creuset ; en outre les aciers électriques se forgent mieux, se déforment moins à la trempe, etc. A l'heure actuelle, toutes ces différences sont encore inexpliquées.

2° On peut préparer dans de bonnes conditions au four électrique certains ferros dont la fabrication par les procédés anciens était extrêmement difficile et parfois même impossible (les ferro-siliciums à haute teneur en silicium et les ferro-chromes à faible teneur en carbone, par exemple).

3° Enfin, on peut aussi préparer, à partir du minerai, de la fonte [1] plus pure que celle qu'on obtient avec le haut fourneau ordinaire.

Ce dernier fait s'explique très aisément :

Dans le haut fourneau usuel, le charbon remplit deux rôles distincts : il agit d'une part comme combustible pour porter les matières premières à la température de réaction et d'autre part comme réducteur (ou plus exactement, il fournit de l'oxyde de carbone qui agit comme réducteur). On peut admettre qu'en moyenne, la quantité de carbone utilisée pour la réduction est le tiers de la quantité totale employée. Or tout le soufre et tout le phosphore du charbon passent dans le métal. Le haut fourneau électrique utilisant le charbon exclusivement pour effectuer la réduction pourra donc fournir des fontes plus pures que celles qu'on aurait obtenues avec un haut fourneau ordinaire.

B. Point de vue économique.

1° **Quelques observations.** —Quand le four électrique remplace un convertisseur, il permet une notable éco-

---

1. On pourrait même fabriquer directement de l'acier à partir du minerai.

nomie de ferros. Cet avantage peut même subsister relativement au four Martin, l'atmosphère de celui-ci étant forcément oxydante.

Lorsque le four électrique remplace un haut fourneau ordinaire, il a un bien meilleur rendement calorifique car il ne fournit pas comme lui des gaz chauds dont l'utilisation reste inévitablement plus ou moins imparfaite. Mais, il ne faut pas oublier que l'énergie électrique est presque toujours beaucoup plus coûteuse que le coke ou le charbon en quantités correspondantes.

L'absence de soufflerie dans les fours électriques implique une économie très appréciable. Mais dans ces derniers appareils, l'usure des électrodes occasionne une dépense qui est souvent assez élevée. Cette observation ne s'étend évidemment pas aux fours d'induction.

2° **Résultats généraux.** — *a*) A l'heure actuelle, la fabrication de la fonte à partir du minerai au moyen du haut fourneau électrique ne paraît devoir remplacer la fabrication de la fonte par le haut fourneau ordinaire que dans les pays où l'on peut avoir de l'énergie électrique à bon marché et où le prix du coke est élevé.

b) L'affinage des aciers et la fabrication des ferros au four électrique ont pris depuis quelques années un développement industriel très important et paraissent être appelés à un avenir encore plus considérable.

161. Quelques types de fours d'affinage.

A. **Fours à arc.**

1° **Four Stassano.** — Il comporte quatre électrodes. Les arcs jaillissent au-dessus de la matière. L'inclinaison du four (10 degrés) et sa rotation autour de l'axe XX'

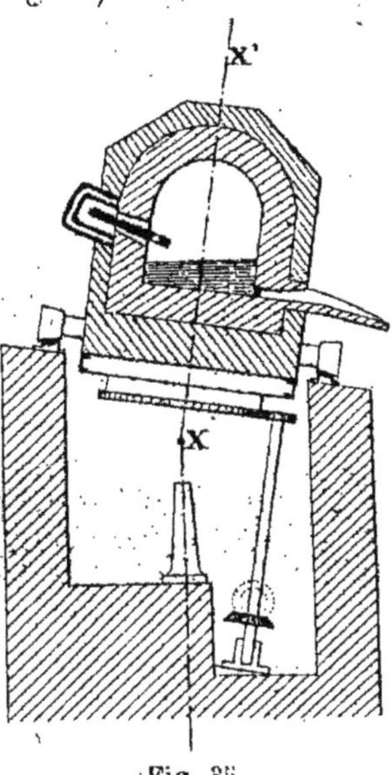

Fig. 35.

ont pour but d'agiter la masse de façon à produire une bonne répartition thermique (voir n° 116 B, Remarque I).

2° **Four Héroult.** — Les arcs jaillissent comme il est exposé au n° 116 B 2° *b*.

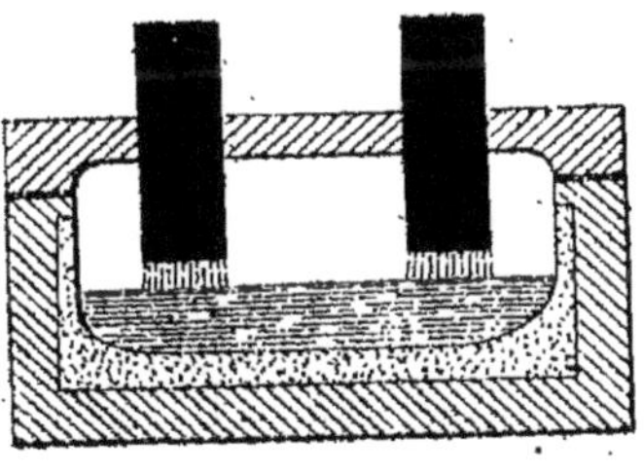
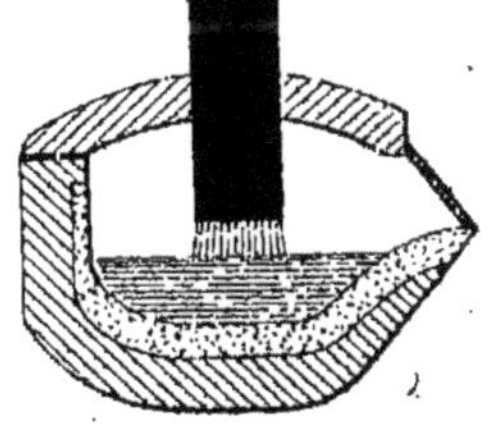

Fig. 36.

L'échauffement provient donc à la fois de ces arcs et de l'effet Joule produit dans la couche de scorie.

En principe, il faut éviter de mettre les électrodes en contact avec cette couche, car la scorie serait réduite par le carbone des électrodes et les impuretés rentreraient alors dans le bain métallique.

3° Four Girod. — L'arc jaillit comme il est dit au n° 116 B 3°.

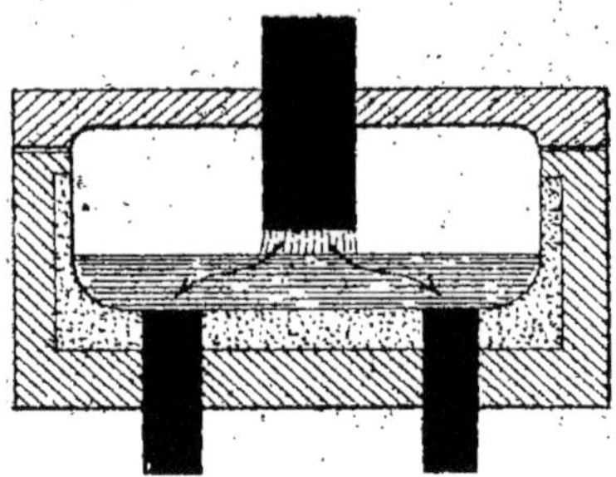

Fig. 37.

L'échauffement provient donc à la fois de cet arc et de l'effet Joule produit dans la masse.

B. **Four à résistance.**

Four Gin. — La très faible résistivité [1] du bain métallique a conduit Gin à donner à son four la forme d'un canal long et étroit **A**. Ce canal est replié sur lui-même ce qui permet de diminuer la longueur du four.

Afin d'éviter la réduction de la scorie par les électrodes, celles-ci sont constituées non plus par du carbone mais simplement par des blocs d'acier **B**, auxquels on donne une grande section de façon à limiter autant que pos-

1. 150 microhms-centimètres environ.

sible l'échauffement par effet Joule ; ces blocs sont

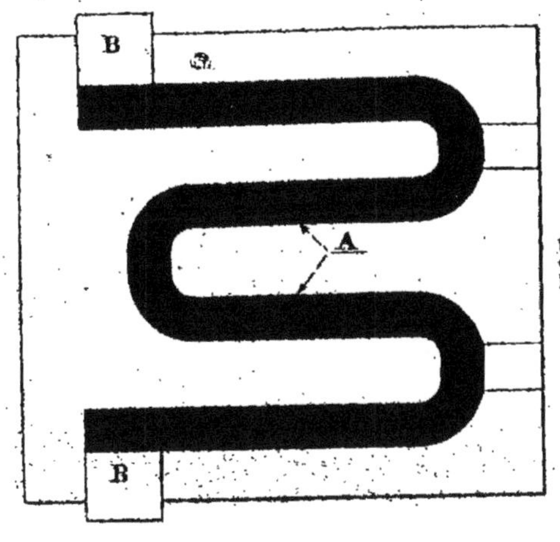

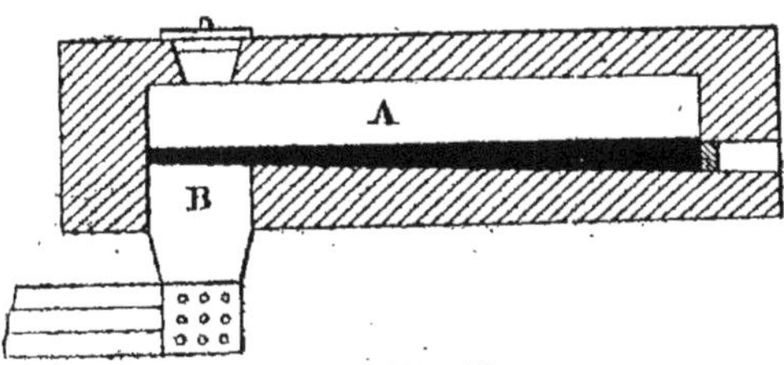

Fig. 38.

d'ailleurs refroidis intérieurement par une circulation
d'eau (non représentée sur la figure).

C. **Fours d'induction.**

1° **Four Kjellin.** Voir la figure 39.

2° **Four Saladin (Schneider).** — Il fonctionne d'après
le principe exposé à la Remarque du n° 118.

La vitesse de circulation du métal dans le tube étroit
peut atteindre plusieurs mètres par seconde. (Fig. 40.)

3° **Four Röchling-Rodenhauser** (Fig. 41). — L'enrou-

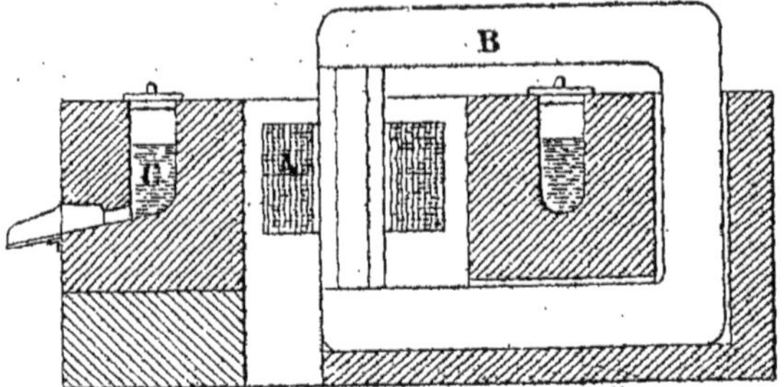

Fig. 39.

A, bobine primaire. — B, cadre magnétique. — C, canal fermé sur lui-même,
contenant le métal et constituant le circuit secondaire.

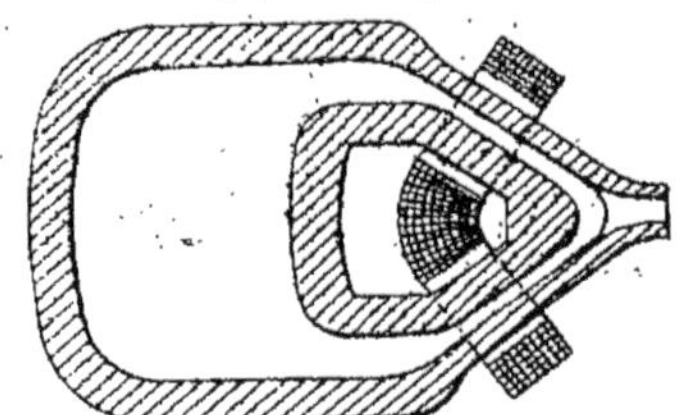

Fig. 40.

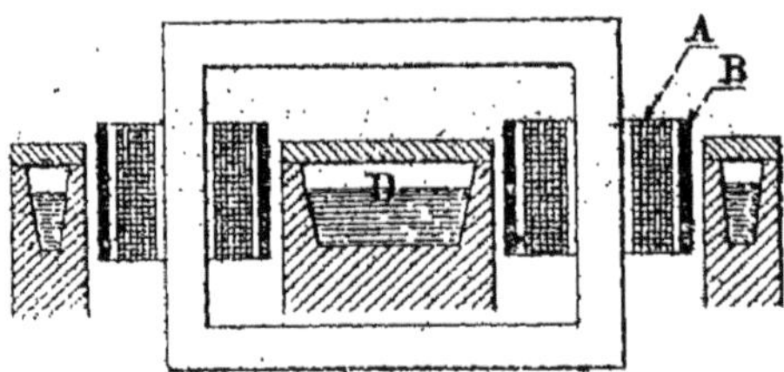

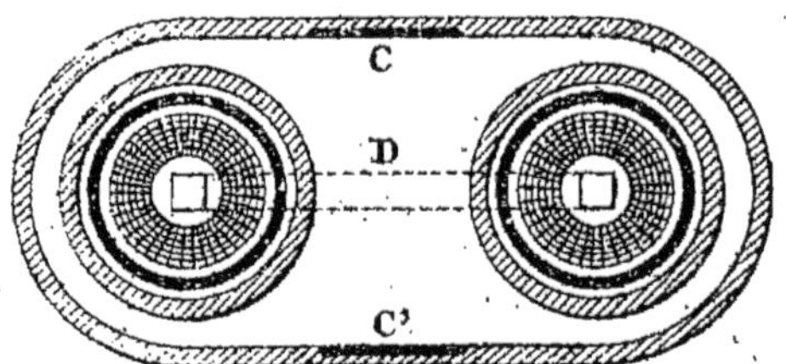

Fig. 41.

lement primaire est représenté en A ; il y a deux circuits induits :

1° Le métal ;

2° L'enroulement B.

Ce dernier est connecté aux plaques polaires C et C′ qui font passer un courant supplémentaire à travers la

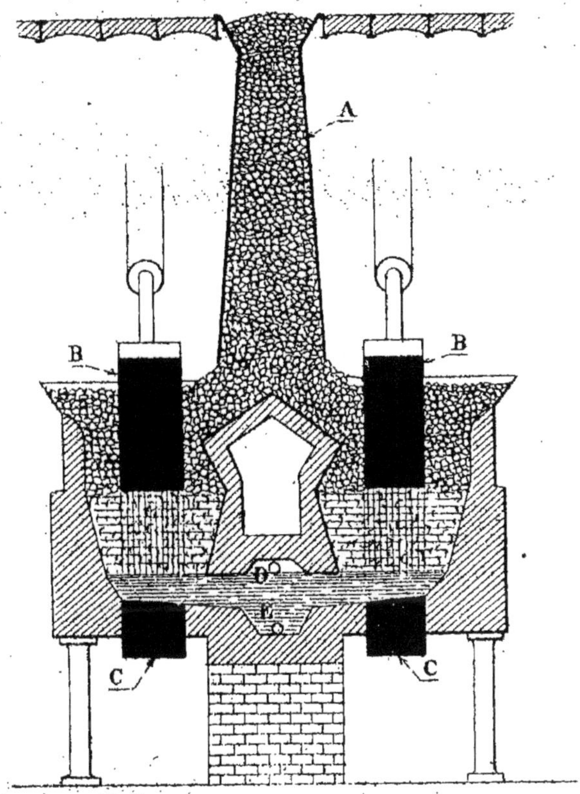

Fig. 42.

A, trémie de chargement. — B, électrodes. — C, contre-électrodes.
D, trou de coulée du laitier. — E, trou de coulée du métal.

chambre d'affinage D. Ces plaques polaires sont constituées comme il est dit au n° 126, 3°.

162. Fours destinés a la fabrication des ferros. — Ils sont en général analogues aux fours d'affinage.

C'est ici qu'on emploie quelquefois des électrodes fondantes (voir n° 126, 2°).

Le minerai de chrome [1] est fréquemment employé dans la construction des fours destinés à la fabrication du ferro-chrome [2].

163. Hauts fourneaux électriques.

1° **Four Keller.** — C'est un four à résistance. (Fig. 42.)

2° **Four de Ludvika.** — C'est un four à résistance. Il est alimenté par du triphasé.

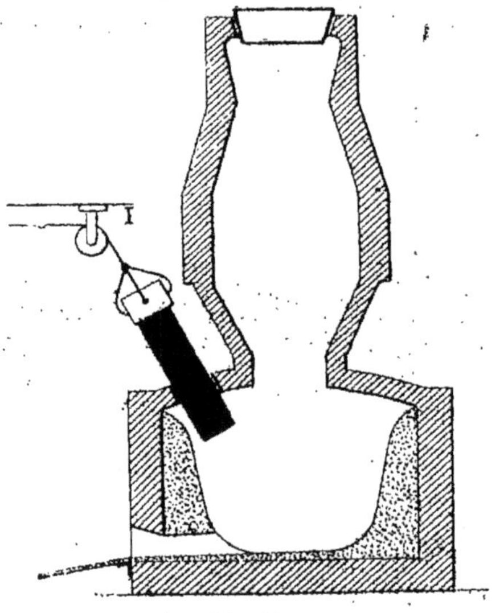

Fig. 43.

Cet appareil comporte trois électrodes disposées à 120°.

1. Rappelons que ce minerai est la chromite ou fer chromé.

2. Et parfois aussi dans la construction des fours d'affinage décrits précédemment.

APPLICATION DE L'EFFLUVE ÉLECTRIQUE
A LA CHIMIE

CHAPITRE PREMIER
GÉNÉRALITÉS

164. DÉFINITION DE L'EFFLUVE. — C'est une décharge électrique *continue, silencieuse* et *très peu lumineuse* s'effectuant à travers un milieu gazeux.

On peut encore ajouter les deux caractères suivants :

Dans l'effluve, la densité du courant est toujours faible.

L'effluve *paraît* se produire sans grande élévation de température.

165. EFFLUVEURS. — Un effluveur est constitué en principe par deux conducteurs assez rapprochés l'un de l'autre et reliés aux pôles d'une source d'électricité ; entre ces conducteurs circule le gaz qu'on veut soumettre à l'action de l'effluve. Les parties des conducteurs qui sont en regard l'une de l'autre peuvent être nues ou recouvertes de lames isolantes. On a ainsi deux grandes catégories d'appareils : les effluveurs sans diélectrique et les effluveurs à diélectrique.

L'emploi des appareils de la seconde catégorie implique une perte d'énergie qui résulte du passage du

courant à travers les lames isolantes. Mais avec les effluveurs de la première catégorie, il est pratiquement
impossible de produire une effluve de quelque densité,
qui ne s'accompagne pas d'étincelles. Pour cette raison,
on n'emploie guère dans l'industrie que des effluveurs
à diélectrique.

Renseignements divers.

I. — Assez fréquemment un seul des conducteurs est
recouvert d'une lame isolante.

II. — Lorsque l'effluve est longtemps prolongée, la
plupart des conducteurs métalliques paraissent se pul-
vériser superficiellement. Ce fait est nettement marqué
avec le cuivre ; il l'est beaucoup moins avec l'aluminium.

III. — Les conducteurs sont souvent constitués par
de l'eau additionnée d'une substance convenable.

Il suffit alors de faire circuler cette eau pour pouvoir
l'utiliser comme réfrigérant en même temps que comme
armature conductrice.

IV. — Les conducteurs sont presque toujours soit
cylindriques et concentriques (le gaz circulant alors dans
l'espace annulaire), soit plans et parallèles.

V. — Il résulte de la faible densité du courant dans
l'effluve (n° 164) que pour produire un effet suffisant
on sera ordinairement obligé de donner aux effluveurs
des dimensions relativement considérables.

166. THÉORIES DE L'ACTION CHIMIQUE DE L'EFFLUVE. —
Trois théories ont été émises :

1° On a supposé que lors du passage de l'effluve, il se
produisait de grandes différences de température entre
des points très voisins du gaz traversé (bien que la
température apparente qui serait alors la température

moyenne s'élève relativement peu). Les transformations chimiques observées résulteraient de réactions d'équilibre se produisant à température assez élevée, les corps formés étant ensuite brusquement refroidis par de simples changements de position.

A l'heure actuelle, aucun fait connu ne vient infirmer cette théorie. Mais rien non plus ne la confirme.

2° On a encore supposé que l'action de l'effluve était de nature photochimique. Il est d'abord établi que l'effluve électrique s'accompagne de rayons ultra-violets. Or, comme l'effluve, ces rayons peuvent produire des transformations chimiques et notamment l'ozonisation. Cependant ils ne donnent pas absolument les mêmes résultats ; par exemple, les concentrations en ozone qu'ils permettent d'obtenir sont beaucoup plus faibles que celles qui sont atteintes avec l'effluve (voir aussi le n° 171, 2°).

Mais s'il paraît avéré que les rayons ultra-violets ne peuvent expliquer à eux seuls les réactions et modifications effectuées par l'effluve, rien n'empêche *a priori* d'admettre une action photo-chimique due à d'autres radiations.

3° Enfin, on a supposé qu'il pouvait se produire une transformation directe de l'énergie électrique en énergie chimique ; cette transformation résulterait non d'un phénomène électrolytique, mais d'un phénomène électrocinétique.

Dans l'état actuel de la science, aucun choix rationnel n'est possible entre les trois théories précédentes. Aucune d'elles ne paraît d'ailleurs suffire à elle seule à expliquer tous les faits connus : d'après ce qu'on sait de l'effluve, il est vraisemblable que son action chimique est due à la fois à plusieurs phénomènes très différents les uns des autres.

167. CARACTÈRE GÉNÉRAL DE L'ACTION CHIMIQUE DE L'EFFLUVE. — Lorsque la composition du gaz sur lequel agit l'effluve le permet, celle-ci engendre en général plusieurs corps différents à la fois.

Cette règle s'applique tout particulièrement à la chimie organique.

168. RENDEMENT DE L'ÉNERGIE [1] DANS L'ACTION CHIMIQUE DE L'EFFLUVE. — Ce rendement est généralement faible.

169. APPLICATION INDUSTRIELLE DE L'EFFLUVE. — Pour les raisons exposées aux n°ˢ 167 et 168 et au paragraphe V du n° 165, l'action chimique de l'effluve est peu utilisée dans l'industrie. Sa seule application importante est la fabrication de l'ozone.

1. Voir au besoin le sens de cette expression au n° 171.

CHAPITRE II

OZONE

170. Principe de la fabrication. — On fait passer de l'air[1] à travers un effluveur[2]. Une partie de l'oxygène se polymérise d'après la relation[3] :

$$3\,O^2 \rightleftarrows 2\,O^3.$$

171. Rendement de l'énergie. — On peut le considérer comme étant le poids d'ozone obtenu en dépensant l'unité d'énergie électrique[4].

Ce rendement varie considérablement avec les circonstances de l'opération :

1° *Régime électrique.*

---

1. L'emploi de l'oxygène pur n'est jamais usité hors des laboratoires.

2. Dans la production de l'ozone par les étincelles, le rendement de l'énergie est beaucoup plus faible que dans la production par l'effluve.

Signalons en passant qu'on a essayé d'employer des ozoneurs sans diélectrique dans lesquels l'effluve était particulièrement localisée à l'extrémité de pointes métalliques (appareils à aigrettes). Ces appareils n'ont donné que des résultats médiocres.

3. D'après les déterminations les plus récentes, cette transformation absorbe environ 34 calories par molécule-gramme d'ozone formée.

4. Cette définition du rendement de l'énergie peut surprendre, car elle s'écarte quelque peu du sens ordinaire du mot rendement. Mais la convention faite ici est souvent adoptée et présente une grande commodité.

a) Les meilleurs rendements s'obtiennent avec du courant alternatif[1] de fréquence élevée[2].

b) Il y a avantage à opérer avec de hautes tensions[3],[4], (15 000 volts, par exemple).

2° *Nature du diélectrique.* — Son influence sur le rendement est très appréciable. Ainsi, celui-ci est meilleur avec le verre qu'avec le quartz[5].

3° *Température.* — Le rendement est d'autant plus élevé que la température est plus basse.

4° *Vapeur d'eau.* — Sa présence abaisse considérablement le rendement.

5° *Vitesse de circulation de l'air.* — Il est évident que lorsque cette vitesse augmente, la concentration de l'ozone formé décroît. Par suite, la vitesse de la transformation :

$$3\,O^2 \rightleftharpoons 2\,O^3$$

s'accomplissant de droite à gauche décroît elle-même ; elle tend vers zéro en même temps que la con-

---

1. Warburg a constaté que l'action ozonisante de l'effluve produite par du courant continu était quantitativement différente dans les deux régions anodique et cathodique. Il ne semble pas que ce fait soit susceptible d'application. Mais une autre expérience du même savant montre que lorsqu'on produit l'effluve avec du courant alternatif, l'action chimique totale est notablement supérieure à la somme des deux actions chimiques partielles ce qui présente évidemment un grand intérêt au point de vue industriel.

2. On monte quelquefois en série avec l'ozoniseur un condensateur (dont les armatures sont reliées à la source d'électricité) et un éclateur de façon à produire une décharge oscillante.

3. On exprime quelquefois cela de façon empirique en disant que l'effluve produite doit être visible.

4. Ce fait peut être considéré comme une conséquence de ce qui est dit ci-dessus au 3°, la haute tension produisant, pour un travail électrique déterminé, un échauffement moindre que celui donné par la basse tension (comme cela a lieu pour les courants ordinaires).

5. Cela prouve bien que l'action chimique de l'effluve n'est pas due uniquement aux rayons ultra-violets, puisque ceux-ci sont beaucoup moins absorbés par le quartz que par le verre.

centration en ozone (voir n° 24 et n° 32). Donc, en augmentant suffisamment la vitesse de circulation de l'air, on pourrait annuler pratiquement la rétrogradation.

D'autre part, il est évident que le poids d'ozone formé avec une dépense électrique donnée ne peut, d'après le principe de la conservation de l'énergie, dépasser une certaine limite.

Nous arrivons donc à la conclusion suivante :

Le rendement de l'énergie s'élève en tendant vers un maximum lorsque la vitesse de circulation de l'air augmente.

Mais une autre considération conduit à limiter cette vitesse.

172. CONCENTRATION EN OZONE. — Pour pouvoir être utilisé, il est indispensable que l'ozone soit assez concentré ; ainsi, l'ozone dilué dans un trop grand excès d'air serait sans action utile sur les microbes pathogènes. Or la concentration obtenue pourra être d'autant plus élevée que l'air traversera l'effluveur plus lentement. Elle atteindrait sa valeur maximum si cet air restait immobile.

D'autre part, on vient de voir au 5° du n° précédent qu'au point de vue du rendement de l'énergie, il y avait intérêt à augmenter la vitesse de circulation. Il faudra donc en fin de compte adopter pour cette vitesse une valeur qui ne soit ni trop basse ni trop considérable, afin d'avoir à la fois un rendement de l'énergie acceptable et une concentration en ozone suffisante. Suivant le prix de l'énergie et l'usage auquel l'ozone est destiné, on donnera une importance plus ou moins grande à l'un ou l'autre de ces deux facteurs.

Pour les applications ordinaires, on ne dépasse guère une concentration en ozone de 4 grammes par mètre cube d'air. Dans les bons appareils, le rendement de l'énergie est alors voisin d'une production de 50 grammes d'ozone pour une dépense de 1 kilowatt-heure.

173. Appareil Siemens. — L'air entre dans l'appareil par la tubulure A, passe dans les régions annulaires

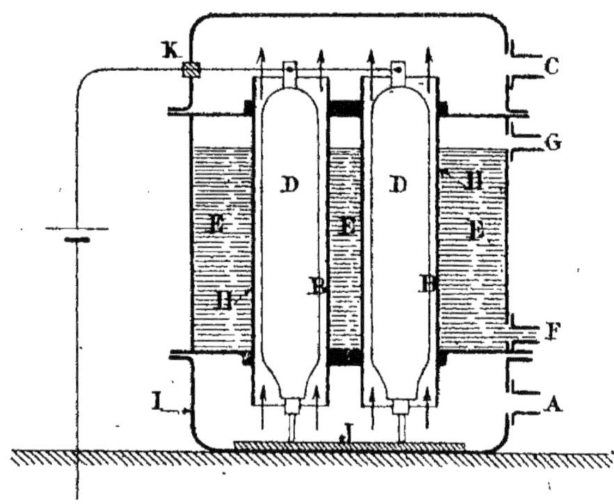

Fig. 44.

B où se produit l'effluve et sort enfin par la tubulure C.

Chaque effluveur comprend un conducteur cylindrique D en aluminium, l'autre armature étant constituée par de l'eau E qui sert en même temps de réfrigérant ; pour permettre à cette eau de remplir utilement ce dernier rôle, on la fait continuellement circuler dans l'appareil ; elle entre par la tubulure F et sort par la tubulure G. Des cylindres H en verre constituent le diélectrique.

Le caisson I est en fonte et repose directement sur le sol, qui ferme le circuit comme l'indique la figure. L'avantage de ce dispositif est de permettre au personnel de s'approcher de l'appareil sans courir de danger. J et K sont des isolateurs.

174. Usages de l'ozone. — L'application capitale de l'ozone est la stérilisation de l'eau.

On l'utilise aussi pour la fabrication de la vaniline par oxydation de l'isoeugénol.

Une foule d'autres applications ont été tentées ; elles n'ont guère eu de succès hors des laboratoires à cause du prix élevé de l'ozone et des faibles concentrations obtenues.

APPENDICE

ORGANISATION SCIENTIFIQUE DES USINES D'ÉLECTROCHIMIE ET D'ÉLECTROMÉTALLURGIE

Bien que cette organisation soit plus facile à réaliser que celle des usines de construction mécanique par exemple, on rencontre assez fréquemment des usines d'électrochimie ou d'électrométallurgie organisées de façon médiocre.

L'une des fautes les plus courantes est la non spécialisation fonctionnelle des employés supérieurs ou subalternes. Ainsi, lorsque l'usine comprend plusieurs sections, il arrive souvent que l'on place un chef de service à la tête de chacune d'elles, ce chef de service devant alors s'occuper de problèmes d'ordres très divers : fabrication, entretien et réparation des appareils, manutention des matières premières et des produits obtenus, questions relatives au personnel, etc. Cette organisation est défectueuse et la spécialisation fonctionnelle des chefs de service, indiquée pour la première fois par Taylor pour d'autres usines s'applique particulièrement bien ici. Le principe de cette spécialisation pourrait être généralisé comme il suit :

Le rendement de chaque employé est maximum quand le nombre de ses attributions est minimum.

Dans les industries électrochimiques ou électrométallurgiques, on pourrait alors avoir les chefs de service suivants, étendant leur action sur toutes les parties de l'usine.

1° Un ingénieur s'occupant de toutes les questions relatives à la production et à la distribution de l'énergie électrique (ce service pouvant évidemment être subdivisé en plusieurs autres, d'après l'importance de l'usine considérée).

2° Un ou plusieurs ingénieurs s'occupant de l'étude et de l'amélioration des fabrications (voir plus loin la question du laboratoire).

3° Un ou plusieurs contremaîtres chargés de veiller à l'exécution des prescriptions de ces ingénieurs.

4° Un chef de service organisant et dirigeant les manutentions et transports des matières premières et des produits de la fabrication.

5° Un chef d'entretien chargé de vérifier l'état du matériel, d'effectuer les réparations, d'assurer la réfection périodique du garnissage des fours, etc.

6° Un chef du personnel, s'occupant des questions d'embauchage, de salaires, de discipline, etc.

Il est évident que suivant les circonstances particulières et l'importance de l'usine, le nombre des services énumérés ci-dessus pourrait être augmenté ou diminué.

Une autre faute fréquemment commise par les industriels est la non création d'un laboratoire sous le prétexte qu'on réalise ainsi une économie.

Il est alors à peu près impossible d'améliorer les fabrications et l'on ne peut qu'appliquer à tâtons des recettes empiriques plus ou moins recommandables.

L'amélioration d'une fabrication suppose en effet :

1° La connaissance précise des circonstances diverses (température, tensions, densités de courant, compositions, concentrations, durée, etc.) dans lesquelles cette fabrication est effectuée.

2° La possibilité de reproduire ces circonstances à peu près identiquement à elles-mêmes.

3° Les moyens (analyses, épreuves mécaniques et physiques, métallographie, etc.) de contrôler exactement et complètement les résultats obtenus.

Ces trois conditions étant remplies, il devient possible d'étudier l'influence précise de chaque facteur en faisant varier ce facteur seul et en maintenant inchangées toutes les autres circonstances. On arrivera ainsi par des recherches *méthodiques* à déterminer les procédés optima de la fabrication étudiée.

La condition 3° implique évidemment l'existence d'un laboratoire. Celui-ci permet d'ailleurs de donner plus de précision à la plupart des essais et de les rendre moins coûteux ; en effet, on pourra souvent effectuer un grand nombre d'entre eux dans ce laboratoire, sur des quantités restreintes de matière et non plus dans les appareils d'application, sur des quantités industrielles ce qui est évidemment beaucoup plus onéreux.

Enfin, l'existence du laboratoire rendra possible l'étude de fabrications nouvelles.

Après avoir traité de l'organisation technique de l'entreprise, il serait logique de parler de son organisation commerciale et financière. Mais cette question qui a d'ailleurs fait l'objet de nombreuses études dans ces dernières années sortirait du cadre du présent ouvrage.

TABLE DES MATIÈRES

SECTION IV

Application de l'effluve électrique à la chimie.

APPENDICE